Traktoren

Albert Mößmer

TRAKTOREN

Geschichte • Typen • Technik

GeraMond

Impressum

Verantwortlich: Martin Distler
Layout und Satz: Helen Garner
Repro: Cromika
Korrektorat: Manuel Miserok
Einbandgestaltung: Ralph Hellberg
Herstellung: Anna Katavic
Printed in Italy by Printer Trento

★ ★ ★ ★ ★

Sind Sie mit diesem Titel zufrieden? Dann würden wir uns über Ihre Weiterempfehlung freuen.
Erzählen Sie es im Freundeskreis, berichten Sie Ihrem Buchhändler oder bewerten Sie das Werk online. Und wenn Sie Kritik, Korrekturen oder Aktualisierungen haben, freuen wir uns über Ihre Nachricht an den GeraMond Verlag, Postfach 40 02 09, D-80702 München oder per E-Mail an lektorat@verlagshaus.de.

Unser komplettes Programm finden Sie unter www.geramond.de

Die Deutsche Nationalbibliothek verzeichnet diese Publikation in der Deutschen Nationalbibliografie; detaillierte bibliografische Daten sind im Internet über http://dnb.d-nb.de abrufbar.

ISBN 978-3-86245-571-3

Vorwort

Jedes Jahr finden überall im Lande Traktor-Oldtimertreffen statt, zu denen Tausende von Besuchern strömen, um die alten, oft liebevoll restaurierten Fahrzeuge zu bewundern. Aber es sind nicht nur die alten Schlepper, die eine Faszination auf viele Menschen ausüben. Auch die Feldtage der heute noch produzierenden Hersteller stoßen auf großes Interesse. Zum Feldtag der allgäuer Traktorschmiede Fendt auf dem Hofgut Wadenbrunn bei Würzburg kommen jährlich über 50.000 Menschen, um sich die Leistung und Errungenschaften der neuesten Schleppertechnik vorführen zu lassen.

Was bewirkt diese ungebrochene Faszination von dieser Technik, obwohl nur noch ein kleiner Teil der Bevölkerung in der Landwirtschaft tätig ist? Bei den Oldtimern spielt sicherlich die Nostalgie eine Rolle, allerdings weniger in Bezug auf den harten landwirtschaftlichen Alltag vergangener Zeiten, sondern vielmehr in Hinsicht auf die Zeit, als noch kleine Unternehmen und individuelle Tüftler die Technik vorantrieben und Gefährte mit einem ganz eigenen Charakter schufen. Bei den neueren Traktoren versetzt natürlich die moderne Technik, die Entwicklung zu immer schnelleren, größeren, stärkeren und ausgefeilteren Produkten in Erstaunen.

Dieses Buch soll eine Darstellung der Entwicklung des Schlepperbaus von den ersten Entwürfen bis zu den heute aktuellen Modellen bieten. Viele kleine, schon fast vergessene Traktorhersteller, wie Röhr, Hatz oder Sulzer, werden ebenso beschrieben wie die heutigen Global Player John Deere, Fendt, Case New Holland oder Deutz-Fahr. Auch die Leistungen der ersten Pioniere des Motoren- und Traktorbaus wie Nikolaus August Otto, Rudolf Diesel, Fritz Huber, Harry Ferguson, Henry Ford oder Ferruccio Lamborghini und viele andere sollen nicht vergessen werden. Im Technikteil habe ich mich bemüht, die wichtigsten Elemente möglichst verständlich zu darzustellen.

Albert Mößmer, im September 2016

Inhalt

Vorwort 5

Technisierung der Landwirtschaft **8**

Landwirtschaft wissenschaftlich 10
Strukturelle und technische Entwicklung 11
Dampfseilpflüge und Bodenfräsen 14
Die Zeit der Motortragpflüge 15
Vom Grabenkampf zur Erzeugungsschlacht 17
Schlepperbau für den „Reichsnährstand" 21
Neuanfang nach dem Krieg 23
Luftkühlung und Wirtschaftswunder 25
Geräteträger 26
Marktsättigung 28
Die 1970er-Jahre und das Trac-Konzept 30
Die 1980er-Jahre: Der Traktorenbau in der Krise 31
Das Hightech-Zeitalter 33
Schlepperneuzulassungen in Deutschland 35

Marken und Typen **36**

Allgaier und Porsche-Diesel 38
Case/IHC 46
Challenger 53
Claas 55
Deutz 58
Eicher 68
Fahr 75
Fendt 78
Fiat 86
Ford 88
Güldner 90
Hanomag 95

Hürlimann 103
IFA 104
John Deere 107
Kramer 113
Lanz 118
Lindner 123
MAN 125
Massey Ferguson 131
Mercedes-Benz 135
New Holland 137
Normag 138
Primus 141
Renault 143
Schlüter 145
Steyr 153
Sulzer 156
Valtra 159

››› Die Technik 162
Antrieb 164
Getriebe 167
Motoren – Vorläufer der Dieselära 171
Dieselmotor 176
Von Takten, Zylindern und Starts 181
Motorkühlung 184
Dreipunkthydraulik 186
Elektronische Hubwerksregelung (EHR) 188
Automatische Lenksysteme 189
Die Kabine – Schaltzentrale des Traktors 190

Bildquellenverzeichnis und Danksagung 192

Technisierung der Landwirtschaft

Beginn der Motorisierung der Landwirtschaft in Deutschland

Auf diesem Bauernhof in Schönemark südlich von Detmold teilt sich der damals im Mai 1959 topmoderne Fendt Farmer 2 den Hof mit den frei laufenden Gänsen.

Die Landwirtschaft war bis weit in unsere Zeit hinein ein Erwerbszweig, dessen Tätigkeiten sich über die Jahrhunderte hinweg fast unverändert auf die nachwachsenden Generationen übertragen haben. Erst mit dem Ansteigen der Bevölkerung und den dadurch in größeren Mengen benötigten Nahrungsmitteln begann die Technisierung dieses Wirtschaftszweigs.

Landwirtschaft wissenschaftlich

In der Folge wurden die Bewirtschaftungsmethoden des Bodens verfeinert und maßgeblich verbessert. Kleebau, Kartoffelbau, systematische Bewässerung der Wiesen, Besömmerung des Brachfeldes und Stallfütterung ermöglichten ein besseres Arbeiten und höheren Ertrag. Besonders wichtig aber war die Entwicklung technischer Geräte, mit deren Hilfe die Feldarbeit leichter von der Hand ging.

Landwirtschaft konnte nun studiert werden. In Hohenheim (heute zu Stuttgart gehörig, man findet dort ein sehr gutes Landwirtschaftsmuseum), Schleißheim, Wiesbaden, Tharandt oder Tietfurt wurden Akademien eingerichtet, in denen Land- und Forstwirtschaft wissenschaftlich gelehrt wurden. 1762 wurde der Zuckergehalt der Runkelrübe entdeckt. Ein neues Anbauprodukt war gewonnen. Dazu gab es natürlich den Getreideanbau, Hopfen-, Wein- und Obstkulturen – gedörrtes Obst war noch bis in die Zeit nach dem Zweiten Weltkrieg ein begehrtes Lebensmittel.

Die regionalen Unterschiede der Feldbearbeitung waren innerhalb Deutschlands enorm. Im Norden dominierte die Koppelwirtschaft, das heißt ein periodischer Wechsel von Getreideanbau und Weidenutzung. Im mittleren und südlichen Teil des Landes herrschte die Dreifelderwirtschaft: Sommergetreide, Wintergetreide und Brachbesömmerung, also Anbau von Klee, Kartoffeln

> Dieses Bild stammt aus dem Jahr 1900. Das Heu wird noch mit dem Ochsengespann eingefahren. Von einem Schlepper träumte man noch nicht einmal.

> So viele Pferde konnten sich nur große Güter leisten. Die kleineren Landwirte mussten sich mit einem Pferd oder einem Ochsengespann begnügen.

oder Gemüse. Im Alpenraum hingegen erforderte die Landstruktur eine Grünlandbewirtschaftung. Anfang des 19. Jahrhunderts hielt die Fruchtwechselwirtschaft auf den Feldern Einzug, dennoch blieben viele Bauern zunächst der Dreifelderwirtschaft treu.

Mit dem wissenschaftlichen und technischen Fortschritt begann ein grundlegender Wandel in der Landwirtschaft, die jahrhundertelang mit beinahe unveränderten Mitteln gearbeitet hatte. Man entdeckte künstliche Düngemethoden, mit denen der Ertrag erhöht und die Qualität der Ernte verbessert werden konnte. Bei Kali hatte Deutschland zum Beispiel sehr lange fast ein Weltmonopol. Besonders die deutsche Chemie tat sich auf diesem Feld rühmlich hervor. Auch in der Viehwirtschaft konnten bessere Zahlen erreicht werden.

Strukturelle und technische Entwicklung

Auch strukturell verbesserte sich der Bauernstand. Eine heute noch sehr erfolgreiche Institution gründete der Ingenieur und Schriftsteller Max von Eyth 1885: Die Deutsche Landwirtschaftsgesellschaft DLG, deren Ausstellungen die Vorläufer der heutigen, alle zwei Jahre stattfindenden Landtechnikmesse Agritechnica waren. Es gab eigene landwirtschaftliche Zeitschriften, Fachschulen und Rationalisierungsvorgänge.

Auf der technischen Seite dieser Entwicklungen stand als spektakulärste Neuerung der Dampfpflug, von dem wir später noch mehr hören werden. Viel wichtiger war zunächst die industrielle Fertigung von Arbeitsgeräten wie Sensen, Sicheln, Eggen und Pflügen. Doch die Technisierung der Landwirtschaft ging noch weiter. In Deutschland wurde 1841 die Dreschmaschine eingeführt.

Entworfen hatte das Gerät der Schotte A. Meikle im Jahr 1785. Sie verkaufte sich hervorragend, nahm sie doch den Bauern eine der anstrengendsten Tätigkeiten in ihrem Terminplan ab. 1907 kamen in Deutschland bereits 1,44 Millionen dieser Maschinen regulär zum Einsatz.

Das in Sachen Technisierung der Landwirtschaft am weitesten fortgeschrittene Land war lange Zeit Großbritannien. Den Briten waren unter anderem Innovationen wie die verbesserte Dampfmaschine von Watt (1784) und Lokomobile zu verdanken gewesen. Grund hierfür waren die früher einsetzende industrielle Revolution und die daraus resultierende Abwanderung der Arbeitskräfte in die Städte. Aus diesem Grund war eine intensivere Landwirtschaft schon früher nötig. Den englischen Farmern standen mehr Arbeitstiere als irgendwo sonst in Europa zur Verfügung. Mit ihnen konnte eine große Auswahl an Geräten und Maschinen betrieben werden. Eine weitgehende Motorisierung aber war, dank der zunehmenden Versorgung aus den Kolonien, nicht notwendig. Das geschah erst mit der U-Boot-Blockade im Ersten Weltkrieg.

So kam es, dass die Amerikaner schon bald die Briten in diesem Bereich der Landmaschinenentwicklung als führende Nation ablösten. Die amerikanischen Farmer konnten auf zusammenhängendem, großem Gebiet anbauen. Unter solchen Bedingungen war der Druck, effizienter zu arbeiten, also eine Technisierung herbeizuführen, auf alle Fälle größer.

> Dreschmaschinen, die von Dampfmaschinen angetrieben wurden, erleichterten die Ernte sehr. Trotzdem war damit noch viel körperliche Arbeit verbunden, wie dieses Bild von Rudolf Eichstaedt zeigt.

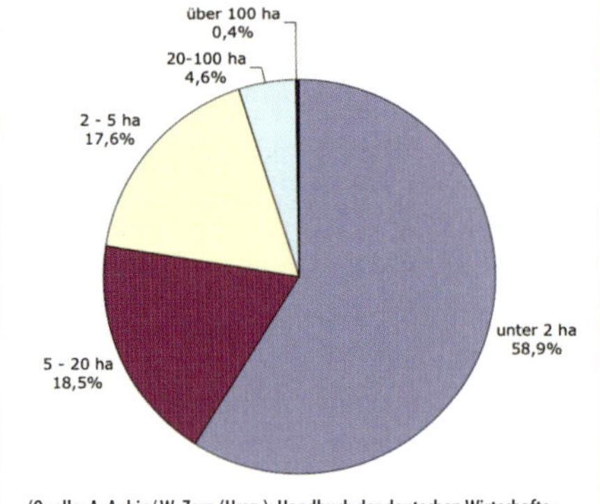

(Quelle: A. Aubin/ W. Zorn (Hrsg.): Handbuch der deutschen Wirtschafts- und Sozialgeschichte. Bd. 2: Das 19. und 20. Jahrhundert. 1976.)

> Schaubild: Betriebsgrößen in Deutschland 1907

> Die Firma Adolf Heucke aus der Nähe von Magdeburg stellte 1911 diese Dampfpflug-Lokomotive her. Das Monstrum wog fast 20 Tonnen und hatte 250 PS. Für praktisch alle Landwirte war so ein Gerät unbezahlbar.

In Deutschland verbreitete sich unterdessen neben der Dresch- auch die Drillmaschine, die für die Saat und das Ausbringen des Kunstdüngers genutzt wurde. Weitere Erntemaschinen kamen bald hinzu. Die Elektrizität, die sich nach der Jahrhundertwende auch im ländlichen Umfeld durchsetzen konnte, bildete eine ideale Energiequelle für die Maschinen, die im Bereich des Hofes oder Guts Verwendung fanden, etwa Dreschmaschinen oder Jauchepumpen. Für die Arbeit auf dem Feld war die Elektrizität jedoch keine geeignete Energiequelle. Hier mussten andere Lösungen gesucht werden.

Wie sehr Politik die technische Entwicklung eines Landes mitbestimmt, kann man am Beispiel des Deutschen Reiches deutlich ablesen. Die einflussreichste Gruppe waren die Landwirte in Ostelbien, den preußischen Gebieten östlich der Elbe, und die dort ansässigen Junker und Gutsherrn. Dort wurde vornehmlich Pferdezucht betrieben. Ein Siegeszug der Motorfahrzeuge in der Landwirtschaft lag deswegen wenig in ihrem Interesse. Die Landwirtschaft des Kaiserreichs blieb unter anderem aufgrund dieses Einflusses zunächst im Wesentlichen kraftfahrzeugfrei. Auch in Österreich blieb die Entwicklung in ersten Ansätzen stecken. Dennoch gelang es Deutschland, sich in Sachen Fortschritt der Landwirtschaft einen internationalen Rekord zu sichern: Dank der ausgereiften Düngungsmethoden waren die Erträge je Hektar weit höher als in jedem anderen Flächenstaat.

Dampfseilpflüge und Bodenfräsen

Als der Engländer Fowler 1859 den Dampfseilpflug entwickelte und etwas später mit seinem Ingenieur, dem Deutschen Max Eyth, zur Serienreife weiterentwickelte, war erstmals ein Weg gefunden, die Tätigkeit des Pflügens mit einem motorisierten technischen Hilfsmittel durchzuführen. Allerdings gab es zwei wichtige Gründe, die gegen einen großen Erfolg dieser Geräte sprachen. Zum einen benötigte der Dampfseilpflug zwei Antriebsquellen, damals dampfbetriebene Lokomobile. Das war ein kostspieliges Unternehmen. Zum anderen setzte der reibungslose Einsatz ein ebenes Land ohne Hindernisse wie Steine voraus. Alles in allem rechnete sich eine Anschaffung erst ab einer Betriebsgröße ab 400 ha, das bedeutete: für eine kleine Minderheit der ohnehin schon verschwindend kleinen Anzahl der Betriebe über 100 ha.

Ein weiterer Durchbruch auf diesem Gebiet gelang dem Schweinfurter Andreas Mechwart, der als Maschinenfabrikdirektor in Budapest tätig war. Er fragte sich, warum man denn nicht Pflügen und Eggen in einem Arbeitsschritt zusammen erledigte. Er entwickelte die nach ihm benannte Fräse, die mit 18 PS und Dampfantrieb lief. Zwei Jahre später entwickelte er eine Zwölf-PS-Variante mit einem Einzylinder-Petroleum-Verbrennungsmotor, dem ersten in Europa in einem Bodenbearbeitungsfahrzeug.

In den USA wurden schon ab 1889 die ersten Traktoren mit Verbrennungsmotor gebaut. Erstaunlich früh, wenn man bedenkt, dass erst 1886 von Benz und Daimler die ersten Automobile erfunden worden waren. Hierzulande gilt ein Entwurf des Berliners Altmann (1896) als erster Traktor, doch war diesem kein Erfolg vergönnt. Die Modelle der Amerikaner erlangten zwar zunächst auch keine Serienreife, aber auf diese Erfahrungen aufbauend, entstand bereits Anfang des 20. Jahrhunderts eine Traktorindustrie.

Jethro Tull (1674–1741), *dessen Name heute eher noch durch eine gleichnamige Rockband bekannt ist, gilt als einer der großen Pioniere der Landwirtschaft. Der Sohn eines Großfarmers und ausgebildete Anwalt war schon immer sehr an Bodenbearbeitung interessiert. Als die Behandlung einer Lungenkrankheit einen großen Teil seines Vermögens aufgefressen hatte, zog er sich mit seiner Familie auf einen Landbesitz zurück, den er Prosperous Farm nannte und fortan bewirtschaftete.*

Er begann damit, die alten Werkzeuge zu verbessern. Beispielsweise modifizierte er den Pflug in einer richtungweisenden Art. Außerdem erfand er ein Gerät, mit dem er Unkraut zu Leibe rückte.

Vielleicht am wichtigsten aber war seine Drillmaschine von 1708, die es ihm erlaubte, drei Reihen auf einmal in regelmäßigen Abständen zu besäen. Er publizierte seine Ideen und gilt heute als einer der großen Väter der modernen Landwirtschaft.

> Max Eyth, ab 1896 „von Eyth", war Gründer der Deutschen Landwirtschafts-Gesellschaft und trat früh für den Einsatz der Dampfkraft in der Landwirtschaft ein.

Die erste militärische Verwendung eines Lokomobils in einer kriegerischen Auseinandersetzung fand während der Belagerung von Paris im Krieg 1870/71 statt. Die preußischen Truppen setzten Fowler Zugkraftwagen ein, um Kohle und Munition an die Front zu schaffen. Es handelte sich um 40 Tonnen schwere Fahrzeuge mit etwa 40 PS.

Die eigentlichen Pioniere der Motorisierung des Militärs waren jedoch die Briten, die in ihren zahlreichen Auseinandersetzungen in den Kolonien gerne auf die technischen Errungenschaften der Zeit zurückgriffen. Die ähnlichen Anforderungen von Militär und Landwirtschaft an Fahrzeuge mit hoher Zugkraft und Geländegängigkeit hatten zu Beginn der Technisierung beider Bereiche recht ähnliche Entwicklungen zur Folge. So wurde zum Beispiel auch der Raupenantrieb auf beiden Einsatzgebieten erfolgreich verwendet.

Die Zeit der Motortragpflüge

Lange Jahre stand der Name der Firma Stock auf der Liste der bedeutenden Hersteller landwirtschaftlicher Geräte. 1908 läuteten der Gutsbesitzer Robert Stock und sein Ingenieur Karl Gleiche für die größeren Güter des Reiches ein neues Zeitalter ein: der erste Motortragpflug wurde vorgestellt. Zwei mannshohe Antriebsräder sorgten dafür, dass die Kraft des Benzinmotors (zuerst nur acht PS, später auf 24 bzw. 48 PS erhöht) in eine starke Zugkraft umgesetzt werden konnte. Hinten hingegen genügte ein kleines Stützrad, mit dem gleichzeitig gelenkt wurde.

Bald gab es Nachahmer – und wie so oft waren die besser. Wichtigster Konkurrent war der Motorpflug von Wendeler und Dohrn, der ab 1912 bei Hanomag unter dem Namen Deutsche Kraftpflug Gesellschaft Berlin gebaut wurde. Das ursprüngliche Kürzel WD trugen Fahrzeuge dieser Firma aber noch lange später. Die beiden Konstrukteure hatten erkannt, dass es für das Arbeitsergebnis sehr viel besser ist, wenn der Pflugrahmen beweglich montiert wird. Mittels eines Handrades konnte der Fahrer diesen je nach Bedarf anheben oder absenken. Den WD-Großpflug gab es mit 50, später 80 PS. Ein Kleinpflug mit 35 PS wurde ebenfalls erfolgreich angeboten.

> In einem hervorragend restaurierten Zustand befindet sich diese Dampfpflug-Lokomotive. Sie steht im Landwirtschaftsmuseum in Stuttgart-Hohenheim.

Vielleicht das technisch überzeugendste Modell war der MAN-Tragpflug, der auf Anregung des Hallenser Professors Bernstein aus dem Jahr 1916 entstand. Bei der DLG-Ausstellung 1921 in Leipzig erhielt das Fahrzeug die Große Silberne Gedenkmünze, die damals höchste Auszeichnung, zugesprochen. Dieser Motorpflug erhielt den Otto-Motor aus dem 2,5-Tonner-LKW von MAN mit 20 PS, der allerdings auf 700 U/min gedrosselt wurde. Diese Leistung musste später auf 30 PS erhöht werden, da sich die ursprüngliche Konfiguration als nicht ausreichend erwies. Der verglichen mit den anderen Anbietern sehr niedrige Kraftstoffverbrauch und das patentierte unsymmetrische Differentialgetriebe waren bemerkenswert. Doch vor allem die Möglichkeit, verschiedene zusätzliche Arbeitsgeräte anzubauen, machten aus ihm einen Vorläufer der in den 1950er-Jahren aufkommenden Geräteträger und einen zum Pflügen, Kultivieren, zu Ernteeinsätzen und Transportaufgaben gleichermaßen verwendbaren Helfer auf großen Höfen und Gütern.

All diese landwirtschaftlichen Fahrzeuge verkauften sich jedoch nur in kleinen Stückzahlen. Von WD und Stock wurden jeweils nur etwa 1.000 Stück produziert, wobei viele von ihnen ins Ausland gingen. Von einer wirklichen Technisierung der Landwirtschaft in Deutschland kann zu diesem Zeitpunkt also noch keine Rede sein. Alle bis dato konstruierten Fahrzeuge waren für die meisten Landwirte zu groß, zu teuer und zu unbeweglich.

Ein interessantes Beispiel, wie zu Beginn des 20. Jahrhunderts die Entwicklungslinien verliefen, bietet die Zugmaschine Pavesi P4. Dieses Gefährt wurde 1913 von der Firma Pavesi-Tolotti aus Mailand entwickelt, um im landwirtschaftlichen Einsatz verwendet zu werden. Besonderer Clou dieser Konstruktion war ihre gute Geländegängigkeit, die die Italiener dadurch erreichten, dass Vorder- und Hinterachse durch ein Gelenkfahrgestell so miteinander verbunden waren, dass beide fast unabhängig voneinander quer und vertikal beweglich waren. Angetrieben wurden alle vier Räder. Pavesi kann damit als einer der Pioniere des Allradantriebs gelten. Der Vierzylindermotor mit 50 PS war vorn eingebaut und bewegte die Räder über ein Kegelradgetriebe und eine Kreuzgelenkwelle. Bei einem Eigengewicht von vier Tonnen konnte der P4 über drei Tonnen ziehen. Allerdings wurden erst nach dem Krieg, als die Firma zu Fiat gehörte, mehrere Fahrzeuge gebaut.

Vom Grabenkampf zur Erzeugungsschlacht

Das Tier (Pferde oder Ochsen) blieb weiterhin bei den meisten Höfen der „Schlepper" Nummer eins. Das war auch bei den meisten militärischen Einheiten im Ersten Weltkrieg so. Zwar haben wir bei diesem Krieg immer nur Bilder von Stellungskrieg und Grabenkampf im Kopf, doch gab es auch vielfältige Aufgaben für Zug- und Lasttiere zu bewältigen: In Polen und Russland, in Galizien und auf dem Balkan fanden Bewegungsfeldzüge statt, die Truppen in den Gräben mussten verpflegt und transportiert werden. Über die Hälfte aller deutschen Zugtiere verendeten auf französischen Straßen, in serbischen Schluchten oder russischen Sümpfen. Für sie gab es keinen Ersatz. Noch schwerer wogen die Menschenverluste, die die deutsche Landwirtschaft nach dem Krieg aufzufangen hatte. Fast zwei Millionen junge Männer hatten ihr Leben verloren, ein großer Teil von ihnen waren Bauernsöhne. Mindestens ebenso viele waren verkrüppelt worden. Durch die Gebietsverluste im Osten fielen die polnischen Arbeitskräfte weg. All das waren wesentliche Voraussetzungen dafür, dass man nach neuen Wegen der Feldbestellung suchen musste.

Die Entwickler konzentrierten sich daher auf zwei Richtungen: Im Krieg hatte man gesehen, wie sich Kettenfahrzeuge erfolgreich über schwieriges und

> Dieser Motorpflug treibt 1921 über Riemen eine Seilwinde an. Die Frauen am Bach scheinen sehr an dem MAN-Fahrzeug mit 25-30 PS mit Benzinmotor interessiert zu sein. Oder geht es um den Fahrer?

> Von Pferden gezogene Geräte, wie der Heurechen, stellten schon vor der Einführung der Traktoren einen großen Fortschritt in der Landwirtschaft dar.

unebenes Gelände bewegt hatten. Deshalb stellte man die Produktion solcher Gefährte auf Friedenswirtschaft um und produzierte Raupenschlepper, die sich auf dem Acker ebenso bewähren sollten wie ihre Vorgänger auf den Schlachtfeldern von Amiens.

Die wichtigsten Hersteller wurden die, welche sich schon im Krieg mit dem Bau von Kettenfahrzeugen befasst hatten: Podeus, Ritscher, Linke-Hoffmann-Busch (LHB), der traditionsreiche Stock und Hanomag. Raupenschlepper zeichneten sich durch niedrigen Bodendruck, gute Lenkfähigkeit und Geländegängigkeit aus.

Die andere Richtung gab der amerikanische Autobauer Henry Ford vor. Analog zu seinem berühmten Ford T, mit dem er den Pkw-Markt revolutioniert hatte, entwickelte er bis 1917 einen Schlepper, den man heute mit Fug und Recht als den ersten massenproduzierten Traktor nach modernen Gesichtspunkten bezeichnen kann. Er zeichnete sich durch einen niedrigen Preis, einfache Bauweise, geringes Leistungsgewicht und gute Zugleistung aus.

Das Geniale an seiner Konstruktion war zunächst einmal die Blockbauweise, das bedeutet, der Motor und das Getriebe tragen den ganzen Aufbau und werden nicht durch einen Rahmen gehalten. Außerdem fanden viele Bauteile aus der Automobilproduktion Verwendung. Des Weiteren hatte dieser Schlepper eine pendelnde Vorderachse, 22 PS und wog nur 1.200 kg. Allein 7.000 Stück wurden an den Kriegsteilnehmer Großbritannien verkauft, der so seinen Versorgungsengpass durch die U-Boot-Blockade ausgleichen wollte.

Ford baute bis 1928 fast eine ¾-Million Fahrzeuge. Das ist ein Wert, der verglichen mit den besten deutschen Modellen selbst der 1950er-Jahre fabelhaft ist. Zeitweise lag der Marktanteil von Ford in den USA bei 75 Prozent! Ford

> Der Fordson-Traktor war die geniale Antwort des Autobauers Henry Ford auf die Herausforderungen durch die Feldwirtschaft. Viele sehen in dem 1917 vorgestellten Modell den ersten Traktor im heutigen Sinne.

ließ seine Schlepper nicht in dem gleichen Unternehmen wie das Model T bauen, sondern gründete zu diesem Zweck die Firma „Ford & Son", von der sich die Bezeichnung „Fordson" für die Traktoren ableitete.

Während auf der anderen Seite des Atlantiks die Traktoren schnell an Verbreitung gewannen, hinkte die Landtechnik in Deutschland nach dem Ersten Weltkrieg dieser Entwicklung zunächst noch hinterher. Aber immerhin konnte Sack 1922 den 3.000.000. Pflug herstellen, und Lanz konnte die Auslieferung der 40.000. Lokomobile feiern. Im gleichen Jahr gelangte auch zum ersten Mal ein Dieselmotor mit Einspritzung zum Einbau in einem Schlepper, nämlich vom Typ Benz-Sendling. Kurz darauf schwangen sich in Deutschland beim Traktorenbau zwei Firmen empor, die auch heute noch bei jedem Schlepperfreund einen hervorragenden Ruf genießen: Hanomag und Lanz.

Hanomag stellte in dem entscheidenden Jahr 1924 den von Josef Vollmer konstruierten Hanomag-WD-Radschlepper vor. Er lehnte sich an die Konstruktion Fords an: Blockbauweise, Pendelvorderachse, einen Vierzylinder-Reihenmotor und Dreiganggetriebe. Allerdings war das Fahrzeug mit 2.000 kg deutlich schwerer.

Ab 1925 gab es den DR 28, der technisch den Fordson überflügelte und zu den erfolgreichsten Schleppern dieses Herstellers vor dem Krieg wurde. Man konnte ihn eisenbereift oder als Straßenschlepper mit Vollgummireifen kaufen.

Lanz war seit langen Jahren auf dem Markt tätig. Der junge Kaufmann Heinrich Lanz begann mit dem Vertrieb von Landmaschinen, die hauptsächlich von englischen Herstellern stammten. Zuerst kam eine Werkstatt hinzu, in der die verkauften Fahrzeuge gewartet und repariert werden konnten. Noch ein paar Jahre später baute man in Mannheim, dem Sitz von Lanz, eigene land-

> Der Hanomag RD 28 war als deutsche Antwort auf die in Mengen importierten Fordson-Schlepper gedacht. Der Vierzylinder-Benzolmotor leistete 27 PS. Dieses Exemplar stammt von 1927.

wirtschaftliche Arbeitsgeräte. Bis zur Jahrhundertwende hatte sich das Unternehmen zum größten Hersteller von Landmaschinen in Europa entwickelt. Zu Tausenden wurden Lokomobile gebaut. Noch vor dem Beginn des Ersten Weltkriegs wandte man sich anderen Antriebsarten zu und erwarb die Lizenz des Landbaumotors „Köszegi", einer selbst fahrenden Bodenfräse, die mit einem 70 PS-Vierzylinder-Benzinmotor ausgestattet war.

Mit dem Eintritt des Konstrukteurs Dr. Fritz Huber bei Lanz im Kriegsjahr 1916 begann eine neue, heute legendäre Phase der Schlepper-Produktion. Huber war der Auffassung, dass die Vorteile des Glühkopfmotors gerade in der Landwirtschaft besonders groß waren. Sicherlich der größte davon war die Gutmütigkeit dieses Motors, der alle möglichen Arten von Kraftstoff schluckte, auch verbrauchtes Motoröl und billiges Schweröl. Da viele der Käufer zum ersten Mal mit einem Motorfahrzeug umgingen und weil es auf dem Feld nur ungenügende Möglichkeiten zur Reparatur gab, musste ein robustes Fahrzeug geschaffen werden. Benzin- und Dieselmotoren waren in jenen Jahren zu kostspielig beziehungsweise für den Einbau in Traktoren noch nicht geeignet. Zudem herrschte in der Kriegszeit allgemeine Rohstoffknappheit, so dass Ersatztreibstoffe eine optimale Alternative wurden.

Huber verbesserte die Konstruktion von Herbert Akroyd Stuart, dessen Glühkopfmotor von 1890 noch nicht wirtschaftlich gearbeitet hatte. Er erreichte durch einen veränderten Einspritzzeitraum, dass ein Betrieb auch im Leerlauf möglich wurde, eine unabdingbare Voraussetzung für ein Fahrzeug.

> Lanz leistete einen wichtigen Beitrag zur Mechanisierung der Landwirtschaft in Deutschland. Der Traktor erleichterte Arbeiten wie das Pflügen erheblich.

***Dr. Ing. Fritz Huber** (1881–1942) stammt aus Wasserburg am Inn. Seine schulische und universitäre Ausbildung absolvierte er in München, wo er 1903 an der Technischen Hochschule promovierte. Danach arbeitete er bei Firmen in der Schweiz, in Paris, Magdeburg und Wien. Ab September 1916 wurde er für Heinrich Lanz in Mannheim tätig. Zunächst beteiligte er sich am Bau von Zugfahrzeugen, die dem Kriegseinsatz dienten, gleichzeitig aber befasste er sich mit der Idee, den Glühkopfmotor für die Landwirtschaft nutzbar zu machen. 1921 endlich stellte er seine Konstruktion vor, einen Traktor, der einen Einzylinder-Glühkopfmotor besaß und auf den Namen Bulldog getauft wurde. Hubers Konstruktion dominierte den Markt in Deutschland bis zum Zweiten Weltkrieg. Der findige Ingenieur starb schon 1942 und hinterließ bei Lanz eine Lücke, die nie mehr vollständig ausgefüllt werden konnte. Das Festhalten an seiner nach dem Krieg überholten Glühkopfkonzeption trug schließlich mit zum Ende von Lanz als eigenständige Firma bei.*

Dies gelang ihm durch den Einsatz einer speziellen Einspritzdüse für alle Leistungsbereiche und die Konstruktion des so genannten Zündsacks, einer Ausbuchtung des eigentlichen Glühkopfs unterhalb des gekühlten Zylinderkopfs. Den Einspritzkegel der Kraftstoff-Einspritzdüse konnte der Fahrer während seines Einsatzes über ein Handrad nach Bedarf verändern.

Das Anlassen eines Lanz war eine richtige Zeremonie, die heute auf Schleppertreffen zelebriert wird. Auf dieser Basis baute Lanz ein Programm auf, das von 15 bis 55 PS die verschiedensten Stärken umfasst.

Schlepperbau für den „Reichsnährstand"

Es entsprach eigentlich nicht der nationalsozialistischen Ideologie, die Motorisierung der Landwirtschaft voranzutreiben. Dort herrschte die kleinbürgerliche Phantasie einer bäuerlichen Idylle lebensfroher Arbeit, gesunder Natur und schwingender Sensen. Noch dazu konnte es ihnen aus wirtschaftspolitischen Gründen (hohe Arbeitslosigkeit) nicht recht sein, wenn auf dem Land zusätzlich Arbeitskräfte eingespart wurden. Deshalb war die Situation auf dem Land angespannt. Die Politiker der Kriegsvorbereitung hatten insofern aus dem Ersten Weltkrieg gelernt, als die Selbstversorgung des Staates, die Autarkie, für einen länger dauernden Krieg entscheidend ist. Deshalb

> Diese Dampflokomobile warten 1919 in Nürnberg auf ihren Abtransport. Durch ihre kompakte Bauweise waren sie leicht zu transportierende Kraftwerke.

setzte man alles daran, die Landwirtschaft zu höheren Erträgen zu treiben. Einige Firmen erkannten die neuen Möglichkeiten und begannen Mitte der 1930er-Jahre damit, Grasmäher und Traktoren anzubieten, darunter viele bekannte Namen der Nachkriegszeit: Fahr, Güldner, Normag, Primus. Andere Hersteller, so auch Fendt und Kramer, hatten schon Ende der 1920er-Jahre mit einer kleineren Produktion begonnen und profitierten nun ebenfalls von der neuen Situation.

Legendäre Schlepper wie der Lanz Bauern-Bulldog und der 11er-Deutz der arrivierten Hersteller standen nun neben dem Fendt Dieselross, dem Allesschaffer von Kramer oder dem NG 22 von Normag. Nach dem „Schell-Plan", dem Vierjahresplan eines Göring-Beraters, sollte die Produktion effektiver werden, indem man an verschiedene Firmen Lizenzen vergab, in denen festgelegt war, was sie bauen durften und mit wem sie fortan zusammenarbeiten sollten, um die teuren Entwicklungskosten zu senken. Diese Vorschriften erstreckten sich über den gesamten Kfz-Bereich und betrafen natürlich auch den Schlepperbau. Wichtig in dieser Epoche der Traktorproduktion war, dass sich der Fokus der Entwickler nun auch sehr stark auf die mittleren landwirtschaftlichen Betriebe richtete, die sich die schweren und großen Maschinen der 1920er-Jahre nicht leisten konnten. Immer noch blieb allerdings das Tier der wichtigere Faktor auf den Höfen.

Im Zweiten Weltkrieg setzte sich die Entwicklung zu weiterer Motorisierung zunächst fort, galt es doch, den Verlust der an der Front stehenden Arbeitskräfte auszugleichen. Aber schon in den ersten Kriegsmonaten war die Nutzung von Pkw und Motorrädern nur noch in Ausnahmefällen erlaubt. Die „Verordnung über den Einsatz von Schleppern in der Landwirtschaft" vom 11. November 1939 verbot nochmals ausdrücklich, Schlepper zu anderen als

> Die Holzgasschlepper hatten wegen der Holzgasanlage, die viel Platz erforderte, ein bulliges Aussehen. Dieses Modell von Fahr steht in der Ausstellungshalle des Deutz-Fahr-Werks in Lauingen.

landwirtschaftlichen Zwecken zu nutzen. Außerdem wurde die Verwendung als stationärer Motor untersagt. Dieses Verbot betraf vor allem den Einsatz von Dreschmaschinen. 1941 stellten die Wirtschaftsplaner fest, dass Kraftstoffe immer knapper wurden. Wie sollte man das in den Griff bekommen? Die Lösung war einfach: Ein Gasgenerator sollte Holzgas erzeugen und damit den Motor betreiben. Der Lothringer Imbert hatte diese Technik bereits 1920 entwickelt. In einer verbesserten Form entstand der Einheitsholzvergaser und wurde bei vielen Herstellern, so bei Lanz, Fendt, Fahr oder Hanomag, produziert. Auch nach dem Krieg fuhren viele Schlepper noch mit Holzgas, doch schon gab es die neue Geschäftsidee: den Rückbau von Holzgasschleppern auf Dieselbetrieb. Wesentlich höhere Leistungswerte und eine bessere Sicht, da die Holzvergasungsapparatur sehr voluminös war, waren nur zwei gute Gründe für eine solche Umrüstungsmaßnahme.

Neuanfang nach dem Krieg

Der Zweite Weltkrieg ließ einen großen Teil Europas in Trümmern. Betroffen waren nicht zuletzt Industrieanlagen, vor allem in Deutschland. Das Werk von International Harvester in Neuss war zu 70 Prozent zerstört, KHD in Köln zu 75 Prozent, MAN in Nürnberg zu 80 Prozent und das Lanz-Werk in Mannheim bestand zu 90 Prozent aus Ruinen. Relativ ungeschoren waren die Traktorenhersteller in den kleinen Orten davongekommen, wie Fendt in Marktoberdorf und Eicher in dem Dorf Forstern.

Die wichtigste Aufgabe war es nach dem Ende der Kampfhandlungen, die Produktion wieder zum Laufen zu bringen. Bevor überhaupt an die Konstruktion neuer Traktoren gedacht werden konnte, mussten die Anlagen wieder aufgebaut werden, die bereits vorhandenen Traktoren mit Ersatzteilen versorgt und die Holzgasschlepper auf den Betrieb mit normalen Motoren umgerüstet werden.

Verständlicherweise waren die ersten Nachkriegsjahre von einer Knappheit an Rohstoffen geprägt. Was es zu Genüge gab, waren Fahrzeuge aus den Beständen der besiegten Armeen. Aber auch die US-Armee musterte zahlreiche Fahrzeuge aus, da ein Rücktransport über den Atlantik zu kostspielig gewesen wäre. Zahlreiche Tüftler und Erfinder bauten diese Fahrzeuge um und setzten sie in der Landwirtschaft ein. Auch Lamborghini verwendete in Italien solche Restbestände, um seine Traktoren zu bauen.

Sobald die Bedingungen gegeben waren, wurde wieder mit der Traktoren-Produktion begonnen. Das Nächstliegende war, die Baureihen aus der Vorkriegszeit neu aufzulegen. So brachte KHD seinen Elfer-Deutz wieder auf den Markt und konnte damit an die Erfolge früherer Zeiten anknüpfen. Aber auch an die Entwicklung neuer Modelle wurde gedacht. Schon zu Kriegsende wurde bei MAN mit der Planung eines Allradschleppers begonnen. Es dauerte allerdings noch bis 1948, bis der 25 PS starke Ackerdiesel mit der Typenbezeichnung AS325 auf den Markt kam. Der Allradantrieb war optional erhältlich und konnte abgeschaltet werden. Im gleichen

> In der Zeit des von den Nazis aufoktroyierten ersten Schlepperbooms um 1938, der Teil der Generalmobilisierung für den Krieg war, wurden auch beim bedeutenden Motorenbauer Güldner sehr erfolgreiche 22-PS-Schlepper A 20 hergestellt.

> Die Firma MAN begann bald nach dem Krieg wieder zögerlich mit der Konstruktion von Schleppern. Dieser AS 325 mit 25 PS hatte schon Allradantrieb. Er stammt aus dem Jahr 1947 und wurde ab 1948 verkauft.

Jahr begann Fendt mit der Produktion des ebenfalls 25 PS starken F25A, der über Allradantrieb verfügte und mit großen Vorderrädern ausgestattet war, weil Fendt noch kein Ausgleichsgetriebe zur Verfügung stand.

Dennoch stagnierte die Nachfrage nach Traktoren und Landmaschinen in den ersten Nachkriegsjahren. Erst, als man infolge der Währungsreform 1948 ein sicheres Zahlungsmittel zur Verfügung hatte, belebte sich das Geschäft wieder. Die Taktbänder der Traktorhersteller begannen wieder zu laufen. In diesen Jahren drängten viele neue Anbieter auf den Markt, wie Alpenland, Primus, Röhr und Stihl, um nur einige der Bedeutenderen zu nennen. Anfang der 1950er-Jahre gab es in Deutschland ungefähr 50 Traktorhersteller. Aber eine Großzahl dieser Firmen erlangte nur regionale Bedeutung. Sie kauften sich die Teile für ihre Modelle von unterschiedlichen Herstellern je nach Verfügbarkeit zusammen und bauten nur eine relativ kleine Anzahl von Exemplaren. Diese Kleinstproduzenten schossen wie Pilze aus dem Boden und verschwanden ebenso schnell wieder.

Luftkühlung und Wirtschaftswunder

1948 schrieben die Eicher-Werke in Forstern Traktorengeschichte. Sie begannen mit der Produktion des ersten serienmäßig hergestellten Traktors mit luftgekühltem Dieselmotor, dem ED16. Andere Unternehmen zogen bald nach. Klöckner-Humboldt-Deutz arbeitete schon ein paar Jahre an der Entwicklung eines luftgekühlten Motors. 1950 war es auch bei den Kölnern so weit. Mit

> Die Geräteträger von Fendt kamen etwas später als die Konkurrenz auf den Markt, doch sie waren ausgereifter und wurden deshalb zu den erfolgreichsten Modellen dieser Bauart.

dem F1L514 stiegen sie ebenfalls in die serienmäßige Produktion luftgekühlter Schlepper ein. Beide Unternehmen, Eicher und KHD, hatten während des Krieges Erfahrung mit dieser Art von Motorenkühlung sammeln können. KHD hatte vom Militär den Auftrag bekommen, Dieselmotoren mit Luftkühlung zu entwickeln, dass diese im Winter nicht einfroren. Eicher hatte im Krieg Gestelle für den Transport von BMW-Flugmotoren hergestellt. Zehn Jahre nach dem Start des ED16 waren sie so weit, eine ganze Baureihe mit luftgekühlten Motoren anbieten zu können.

Die Luftkühlung trat in den 1950er-Jahren bei fast allen Traktorherstellern einen Siegeszug an. Die Vorteile dieser Motoren lagen in der einfachen Bauweise. Durch den Wegfall des Wasserkühlers und des Kühlmantels wurden die Motoren leichter und kleiner. Zudem konnten Reparaturen einfacher durchgeführt werden. Doch die Motoren mit dieser Kühlung hatten auch einen Nachteil: Sie waren deutlich lauter.

Die 1950er-Jahre galten auch in der Landwirtschaft als Zeit des Wirtschaftswunders. Die Mechanisierung und Motorisierung der bäuerlichen Betriebe machten rasante Fortschritte. Waren es in der Vorkriegszeit vor allem große und zahlungskräftige mittlere landwirtschaftliche Betriebe gewesen, die sich einen Traktor hatten leisten können, so konnten nun auch kleinere Betriebe die tierische und menschliche Arbeitskraft durch Maschinen ersetzen. 1960 war es so weit, dass die Zahl von 800.000 Traktoren in der westdeutschen Landwirtschaft die Zahl der Pferde auf den Höfen überschritt.

Geräteträger

Mit dem Wirtschaftswunder begann auch die Zeit des Arbeitskräftemangels in der Landwirtschaft. Nicht nur Pferde, sondern auch Knechte und Mägde wurden auf den Bauernhöfen zur Ausnahme. Die Arbeit musste von der Bauernfamilie alleine erledigt werden. Dies war einer der Gründe, warum in den 1950er-Jahren die Idee der Geräteträger aufkam. Ein Traktor sollte es sein,

> Doch auch die Schlepperproduktion lief bei den Marktoberdorfern sehr erfolgreich. Jeder Handgriff musste auch Ende der 1950er-Jahre sitzen, um diese Modelle der „ff"-Reihe unter die Kunden bringen zu können.

der mehrere Anbaugeräte gleichzeitig tragen und die entsprechenden Arbeitsgänge in einem Schritt ausführen konnte. Die Entwicklung zum Geräteträger begann schon kurz nach dem Krieg mit einigen Modellen, die Anbauräume für Geräte zwischen den Achsen boten. Einen großen Schritt vorwärts unternahm Lanz 1951 mit dem Bau seines Alldog, der Anbauräume zwischen den Achsen, im Front- und im Heckbereich hatte und außerdem im vorderen Teil Platz für den Aufbau einer Ladepritsche bot. Der 12-PS-Motor war jedoch zu schwach, sodass der Traktor zwei Jahre später auf 13 PS und 1956 mit einem ausgereifteren Motor auf 18 PS aufgerüstet wurde.

Andere Traktorhersteller zogen bald nach. Eicher brachte 1953 seinen 19 PS starken G 19 Kombi auf den Markt, der eine verstellbare Spurenweite und einen hydraulischen Kraftheber besaß. Vergessen sollte man auch nicht den Huckepack von Claas, der mit den entsprechenden Anbauten wie ein selbstfahrender Mähdrescher aussah, den man aber auch als Geräteträger mit anderen Maschinen und Geräten einsetzen konnte.

Wer aber von allen Herstellern am meisten Erfolg mit seinem Geräteträger-Konzept hatte, war Fendt. Grundlage dafür war das Fendt-Einmann-System. Das heißt, die Fendt-Geräteträger waren so konstruiert, dass es einer Person möglich sein sollte, ein Arbeitsgerät ohne Werkzeug innerhalb von fünf Minuten an- oder abzubauen, was bei den überlasteten Landwirten gut ankam.

> Deutz schuf mit seinem Intrac einen neuen Schleppertyp mit mehreren Anbauräumen und einer vorn angeordneten Fahrerkabine.

Der erste Geräteträger der Marktoberdorfer war der F12GT, dessen Produktion 1957 begann. Der Motor wurde zwar weithin als zu schwach angesehen, aber die nachfolgenden Modelle wurden den Leistungsanforderungen immer mehr angepasst. Die Geräteträger wurden in Marktoberdorf bis 2004 gebaut.

Marktsättigung

Die 1950er-Jahre gelten als das Jahrzehnt der Mechanisierung der deutschen Landwirtschaft. Doch der Boom in der Landmaschinenindustrie sollte nicht darüber hinwegtäuschen, dass ein starker Konkurrenzkampf zwischen den Herstellern herrschte. Die Rationalisierung erlaubte es, Traktoren schneller und billiger zu produzieren. Manche der kleineren Hersteller konnten hier nicht mehr mithalten. So musste Röhr in Landshut 1954 Konkurs anmelden. 1955 trennten sich die Allgaier-Werke von ihrer Traktorensparte, die dann von der neu gegründeten Porsche-Diesel-Motorenbau GmbH übernommen wurde. 1956 wurde die Heinrich Lanz AG in Mannheim von dem amerikanischen Landmaschinenriesen John Deere übernommen, allerdings nicht, weil das Mannheimer Unternehmen zu klein gewesen wäre, sondern weil die notwendigen Anpassungen an technische Entwicklungen versäumt worden waren. Auch auf internationaler Ebene tat sich etwas. 1953 übernahm der kanadische Konzern Massey-Harris, der sich gerade in seiner Expansionsphase befand, den britischen Traktorenproduzenten Ferguson. Später wurde Massey Ferguson daraus.

In den 1960er-Jahren setzte sich die Marktkonsolidierung fort. Beschleunigt wurde dies durch die nachlassende Nachfrage nach neuen Traktoren. Von

> Der Kramer KL 600 von 1967 hatte 61 PS und einen Vierzylinder-Motor. Neu war sein Lastschalt-Wendegetriebe, dessen Entwicklungskosten die Landmaschinensparte des Unternehmens stark unter Druck setzten.

Mitte der 1950er- bis Mitte der 1960er-Jahre ging die Zahl der Neuzulassungen um 20 Prozent zurück. Manche der Anbieter gaben den Traktorenbau auf und suchten sich ein anderes Betätigungsfeld. Das Unternehmen Hatz aus Ruhstorf konzentrierte sich nach der Aufgabe seiner Traktoren auf den Bau kleiner luftgekühlter Dieselmotoren und hat bis heute damit Erfolg. Stihl beschränkte sich wieder auf die Produktion von Motorsägen. Hanomag, Hela und Kramer stiegen in die Baumaschinenbranche ein. Güldner gab 1969 seine Traktorenfertigung auf und baute stattdessen seine Hubstapler-Produktion aus. MAN, das sowieso schon stark im Motoren- und Nutzfahrzeugbau vertreten war, gab Anfang der 1960er-Jahre den Schlepperbau auf und investierte in die rentableren Produktsparten. Porsche-Diesel in Friedrichshafen machte schon 1963 wieder dicht, nachdem die Firma sieben Jahre vorher die Traktorfertigung von Allgaier übernommen hatte. Den Vertrieb und die Ersatzteilversorgung von Porsche-Diesel übernahm Renault.

Aber auch größere Hersteller überstanden die 1960er-Jahre nicht ungeschoren. Eicher zählte zwar durchaus zu den Bedeutenden des Traktorbaus und glänzte mit Qualität und Innovation, musste sich jedoch trotzdem einen starken Partner suchen. Die Gründe dafür waren die dünne Eigenkapitaldecke des Unternehmens und die Abhängigkeit vom Getriebezulieferer. 1970 glaubte man, diesen Partner in Massey Ferguson gefunden zu haben.

Die 1970er-Jahre und das Trac-Konzept

Auch was die Sicherheit betrifft, bestand Handlungsbedarf. Traktoren, die an steilen Hängen umstürzten, waren keine Seltenheit. Vor allem älteren Modellen passierte es, dass sie beim Umstürzen auf der Oberseite liegen blieben und den Fahrer unter sich begruben. 1970 wurde der Umsturzbügel für alle neuen Schlepper Pflicht, und bis 1977 mussten auch die Alttraktoren nachgerüstet werden. Die Folge war, dass die Zahl der tödlichen Unfälle erheblich abnahm.

Der Trend zu mehr Motorleistung der Traktoren, der schon mit dem wirtschaftlichen Aufschwung begonnen hatte, setzte sich in den 1970er-Jahren verstärkt fort. Zwar sank die Zahl der verkauften Schlepper, aber gleichzeitig sollten sie größer und stärker sein. Der Grund dafür lag in der abnehmenden Zahl der landwirtschaftlichen Betriebe. Die Produktivität der Landwirtschaft stieg von Jahr zu Jahr. Wer aber in der Erzeugungsschlacht nicht mithalten oder sich nicht spezialisieren konnte, gab auf. 1949 gab es in Westdeutschland 1.646.750 landwirtschaftliche Betriebe, bis 1970 war ihre Zahl auf 1.083.100 geschrumpft. Übrig blieben immer größere Betriebe, die ein wachsendes Bedürfnis nach mehr PS hatten.

Um den geänderten Anforderungen der Landwirtschaft gerecht zu werden, kamen einige Hersteller mit einem neuen Traktor-Konzept auf den Markt. 1972 stellte KHD den Intrac vor. Bei diesem Traktor war die Fahrerkabine vorne angeordnet, um dem Fahrer einen möglichst guten Blick auf das Frontanbaugerät zu bieten. Weitere Anbauräume waren im Heckbereich und zwischen den Achsen. Der Schnellkuppler sollte den Anbau der Geräte erleichtern. Die erste Ausführung des Intrac war noch mit Hinterradantrieb, später waren auch Versionen mit Allradantrieb verfügbar. 1973 kam Mercedes-Benz mit seinem MB-Trac auf den Markt. Dieser Trac war mit jeweils einer Dreipunktkupplung an der

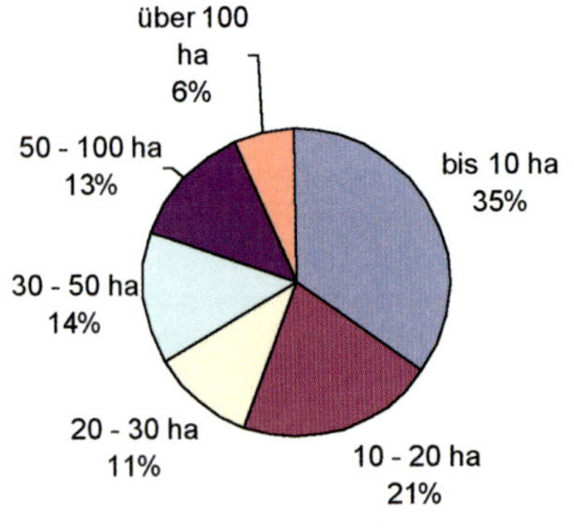

(Quelle: Bayerisches Staatsministerium für Landwirtschaft und Forsten (Hrsg.): Bayerische Landwirtschaft in Zahlen 2002.)

> 1996 führte Fendt das stufenlose Vario-Getriebe serienmäßig bei seinen Großtraktoren ein. Die moderne Technik trug mit dazu bei, die Flaute auf dem Traktormarkt zu überwinden.

Vorder- und Hinterseite ebenfalls so konstruiert, dass er mit zwei Anbaugeräten gleichzeitig arbeiten konnte. Die Kabine war beim MB-Trac mittig angeordnet. Außerdem war noch eine Ladefläche vorhanden, die für Dünger oder einen Spritzbehälter genutzt werden konnte. Der MB-Trac besaß vier gleichgroße Räder und einen Allradantrieb.

Für sehr PS-hungrige Betriebe brachte Schlüter 1973 den Profi Trac auf den Markt. Auch dieser Traktor besaß vier gleichgroße Räder und war serienmäßig mit Allradantrieb ausgestattet. Der Profi Trac 5000 TVL war mit seinen 500 PS der bis dahin stärkste gebaute Schlepper Europas. Allerdings schoss Schlüter mit dieser Baureihe etwas über die Bedürfnisse der Landwirte hinaus. Für solch leistungsstarke Traktoren fehlte in Westeuropa noch der Markt. Insgesamt wurden nur 40 Stück dieser Baureihe verkauft. Beim 5000 TVL blieb es bei einem Exemplar.

Die 1980er-Jahre: Der Traktorenbau in der Krise

Anfang der 1980er-Jahre waren nicht mehr viele unabhängige Traktorhersteller auf dem Markt. Aber die schwierigen Jahre setzten sich fort. In Nordamerika schlitterte die Landwirtschaft in eine Rezessionsphase, was zu einem erheblichen Einbruch in der Nachfrage nach Landmaschinen und Traktoren führte. In Europa wurden die Folgen der Überproduktion sichtbar. Schlagwörter wie »Milchsee« und »Butterberg« machten die Runde. Das unbezahlbare Subventionssystem der EG musste zurückgefahren und die landwirtschaftliche Produktion eingeschränkt werden, was letztendlich auch die Traktorhersteller zu spüren begannen.

Selbst so große Unternehmen wie International Harvester gerieten in den Abwärtsstrudel. 1979 hatte ein Streik die amerikanischen Werke des internationalen Konzerns für ein halbes Jahr lahm gelegt. Kaum war der Arbeitskampf beendet, setzte die Rezession ein, die dem Unternehmen das Genick brach. 1984 wurde die Landwirtschaftssparte von IHC von dem Mischkonzern

> John Deere ist eine der wichtigsten Marken in Deutschland. Die Kabinen werden immer komfortabler und die Computer können mit GPS arbeiten und Arbeitsgeräte vom Schleppersitz aus bedienen.

> Heute werden oft mehrere Geräte mit dem Traktor gleichzeitig eingesetzt. Hier bearbeitet ein zwillingsbereifter Fendt mit einem Frontpacker und einer Sämaschine das Feld.

Tenneco aufgekauft und mit Case, einem anderen Traktorhersteller, vereinigt. Der neue Global Player erschien auf dem Markt: Case IH.

Auch Massey Ferguson geriet ins Schlittern. 1980 musste der kanadische Konzern die sechs Jahre vorher erworbene Hanomag wieder verkaufen, zwei Jahre später kam der Rückzug aus dem Engagement mit Eicher, was wiederum gravierende Folgen für den Traktorenbauer in Landau hatte. Mehr dazu weiter unten.

Das Hightech-Zeitalter

Während ein Traktorhersteller nach dem anderen verschwand, fusionierte oder aufgekauft wurde, ging der englische Unternehmer Joseph Cyril Bamford den entgegengesetzten Weg. Er hatte erkannt, dass Traktoren den größten Teil ihrer Einsatzzeit nicht auf dem Feld, sondern auf der Straße verbrachten. Mit dem Ziel, diese Fahrzeit deutlich zu verkürzen, entwickelte sein Unternehmen den Fastrac, der 1990 der Öffentlichkeit vorgestellt wurde. Dass JCB eine Marktlücke gefunden hatte, zeigte sich bald in der raschen Zunahme der 75 km/h schnellen Fastracs auf den Straßen.

In den 1990er-Jahren wurden die Traktoren nicht nur schneller, sie begannen auch, stromlinienförmiger auszusehen. Der Grund dafür war die abgeschrägte Motorhaube, die 1991 mit der AgroXtra-Baureihe von KHD eingeführt wurde, um eine bessere Sicht auf die Frontanbaugeräte zu ermöglichen. Andere Hersteller zogen bald nach.

Auch im Innern der Traktoren ging die technische Weiterentwicklung rasant voran. Dies machte sich mit der Einführung der elektrohydraulisch lastschaltbaren Zapfwelle und der elektronisch geregelten Dreipunkthydraulik bemerkbar. Die Getriebe wurden ebenso mehrstufig lastschaltbar.

1996 beschritt Fendt den Weg zum stufenlosen Getriebe und hatte damit Erfolg. Mittlerweile bieten alle namhaften Traktorhersteller in den Modellen der oberen Leistungsklassen stufenlose Getriebe an.

Ein weiteres Thema war Ende der 1990er-Jahre die Verschärfung der Abgasnormen, denen sich die Motorenhersteller stellen mussten, und die enorme Entwicklungskosten verursachten. Auch der Computer hielt Einzug in die Fahrerkabinen der Traktoren. Es war nun möglich, über Terminals Einstellungen vorzunehmen und Informationen abzurufen. Der Joystick ersetzte den Ganghebel und das Steuerrad.

Die Fahrerkabine ist heute ein bequemer Arbeitsplatz mit Lärmschutz, der mit Klimaanlage und anderen Annehmlichkeiten ausgestattet sein kann und den Bedürfnissen des Fahrers Rechnung trägt. Die Zeiten, als das Stoßen des Traktors und das Federn des Sitzes das Kreuz des Landwirts ruinierte, sind längst vorbei.

Diese technologischen Errungenschaften wurden mit hohen Entwicklungskosten erkauft. Angesichts der steigenden Kosten konnten nur wenige Traktorhersteller ihre Unabhängigkeit bewahren. Selbst bedeutende Marken wurden Teil einer größeren Unternehmensgruppe. 1993 wurde Massey Ferguson von der AGCO-Gruppe übernommen, 1997 folgte Fendt, 2002 übernahm AGCO die Challenger-Raupentraktoren von Caterpillar, und 2004 wurde der finnische Traktorhersteller Valtra in den Konzern eingegliedert.

Eine weitere Konzentration erfolgte um den italienischen Traktorhersteller Same, der 1995 Deutz-Fahr übernahm. Zu Same Deutz-Fahr gehören außerdem die Traktormarken Hürlimann und Lamborghini. Eine weitere wichtige Gruppe ist Case New Holland, zu der neben Case IH und New Holland auch der österreichische Hersteller Steyr gehört. John Deere ist der einzige der großen Traktorhersteller, der die turbulenten letzten Jahrzehnte unbeschadet überstand und seine Unabhängigkeit bewahrte.

> Moderne Ballenpressen ermöglichen es heute, die früher mühselige Arbeit in kurzer Zeit zu erledigen. Diese Rundballenpresse von Fendt (2900 V) verlangt jedoch vom Traktor eine Mindestleistung von 90 PS an der Zapfwelle.

> Mit einem Claas Liner 880 wird das geschnittene Gras in gleichmäßige Schwaden zusammengefasst, um anschließend vom Ladewagen aufgenommen werden zu können.

Schlepperneuzulassungen in Deutschland

Schleppermarke	2015		2014		2013	
	Stück	Anteil	Stück	Anteil	Stück	Anteil
1 John Deere	6.279	19,5 %	6.724	19,4 %	7.736	21,3 %
2 Fendt	5.494	17,1 %	5.906	17,1 %	6.261	17,3 %
3 Deutz-Fahr	3.236	10,0 %	3.336	9,6 %	3.798	10,5 %
4 Claas	2.682	8,3 %	2.669	7,7 %	2.899	8,0 %
5 Case IH / Steyr	2.471	7,7 %	3.449	10 %	2.809	7,7 %
6 New Holland	2.339	7,3 %	2.779	8 %	2.528	7,0 %
7 Kubota	1.923	6,0 %	1.726	5 %	1.806	5,0 %
8 Massey Ferguson	1.219	3,8 %	1.495	4,3 %	1.538	4,2 %
9 Iseki	929	2,9 %	858	2,5 %	1.017	2,8 %
10 Valtra	762	2,4 %	709	2 %	749	2,1 %
11 Same, Lamborghini, Hürlimann	454	1,4 %	621	1,8 %	690	1,9 %
12 Mercedes Benz	380	1,2 %	400	1,2 %	516	1,4 %
13 Carraro	239	0,7 %	225	0,6 %	227	0,6 %
14 Holder	232	0,7 %	225	0,6 %	266	0,7 %
15 Lindner	220	0,7 %	235	0,7 %	244	0,7 %
16 Belarus	199	0,6 %	232	0,7 %	209	0,6 %
Sonstige	3.162	9,8 %	3.022	8,7 %	2.955	8,2 %
Gesamt	**32220**		**34.611**		**36.248**	

INTERNATIONAL 743
Bautz
ALLGAIER
FAHR
Eicher
DIESEL
VALMET
VALMET
VALMET
HANOMAG
R460

Marken und Typen

Früher war die Welt der Traktoren deutlich bunter. Es gab eine Vielzahl kleiner und großer Hersteller. Mit der Konzentration des Marktes und der immer aufwendiger gewordenen Technik kamen die meisten Firmen nicht mehr mit und mussten aufgeben oder wurden von weltweit operierenden Konzernen übernommen.

> Der erste vom Konstruktionsbüro Porsche entwickelte Traktor Typ 110 aus dem Jahr 1938 hatte den Fahrersitz vorn und den Motor am Heck.

Allgaier und Porsche-Diesel

Der Konstrukteur Porsche

Diese beiden bedeutenden Schlepperhersteller muss man zusammen betrachten, denn ihre Geschichte ist eng verzahnt. Sie beginnt im Konstruktionsbüro von Ferdinand Porsche in Stuttgart. Der 1875 im Sudetenland geborene Porsche zeigte schon in frühester Jugend seine große technische Begabung. 1896 erfand er einen Radnabenelektromotor, 1899 konstruierte er das Lohner-Porsche-Elektromobil, das erste Auto mit Vorderrad- und Hybridantrieb. Nach Tätigkeiten bei Austro-Daimler und Daimler-Benz in hochrangigen Positionen machte sich Porsche selbstständig und eröffnete am 1. Dezember 1930 in Stuttgart ein Konstruktionsbüro. Zu seinen Ingenieuren gehörten sein Sohn Ferry Porsche und der Oberingenieur Karl Rabe. Ab 1934 arbeitete das Büro im Auftrag Hitlers an einem Volkswagen, später auch KdF-Wagen genannt – dem ersten VW Käfer. 1938 wurde Ferdinand Porsche Hauptgeschäftsführer und Mitglied des Aufsichtsrats der neu gegründeten Volkswagenwerk GmbH, in der dieses Fahrzeug gebaut werden sollte. Doch statt des Autos für die kleinen Leute wurden vor allem Kübelwagen für den Expansionsdrang der Wehrmacht gebaut.

Für Hitler konstruierte Porsche auch andere Fahrzeuge, so die Panzer „Ferdinand" und „Maus". Der eine fiel gegen den „Tiger" durch, der andere war zu schwer und einer von Hitlers unsinnigen Wünschen. 1937 beauftragte er Porsche mit der Konstruktion eines Volksschleppers, der billig und leicht zu warten sein sollte, aber trotzdem ein hohes Kraftpotential entwickelte. In Waldbröl im Bergischen Land sollte eine große Fabrik gebaut werden, in der man hunderttausende von Schleppern produzieren wollte. Außer der Konstruktion einiger Prototypen wurde aus diesen Träumen jedoch nichts.

Die Allgaier-Werke

Seit 1906 war die württembergische Firma Allgaier im Werkzeugbau und in der Metall verarbeitenden Industrie tätig. Nach dem Krieg ebnete der Sohn des Firmengründers und damalige Chef, Ingenieur Erwin Allgaier, seiner Firma den Weg zu einem Projekt mit Zukunft: Er hatte die Tochter des Motorenbauers und Herstellers von Zug- und Baumaschinen Kaelble geheiratet und machte sich nun als einer der ersten „Newcomer" zusammen mit dem Konstrukteur Paul Strohhäcker von Kaelble daran, einen Schlepper zu entwickeln. Der Einzylinder-Verdampfer, der 1946 fertiggestellt wurde, erinnerte optisch stark an die Schlepper von Fendt und Kramer aus den 1930er-Jahren. Der Wälzkammer-Motor hatte 18 PS. Eine Riemenscheibe und ein Vierganggetriebe gehörten zu den weiteren Merkmalen des robusten Fahrzeugs, das ab Mai 1947 in Serie ging. 1949 kam ein Nachfolger mit einer Motorleistung von 22 PS auf den Markt – der R22. Mit diesen beiden Modellen erreichte Allgaier den vierten Platz der Schlepperstatistik.

Neben der R-Reihe wurde auch eine A-Reihe entwickelt, die ab 1950 in Serie ging. Äußeres Erkennungsmerkmal dieser Reihe war eine neue Motorhaube, unter der nun ein Allgaier-Motor ratterte. Mehrere Modelle mit 30 und 40 PS und schließlich ein Zwölf-PS-Kleinschlepper komplettierten die Reihe. Doch diese Schlepper waren nicht das einzige Standbein, denn Erwin

> Dieser Allgaier AP 17 wurde nach Plänen des Konstruktionsbüros von Ferdinand Porsche gebaut. Mit dem Baukastenprinzip war eine kostengünstige Produktion möglich.

> Aus dem Jahr 1960 stammt dieser Porsche-Diesel Super des Baumusters 308. Aus einem Hubraum von 2.467 cm^3 holt dieser Traktor 38 PS.

Allgaier hatte unterdessen erneut seine Cleverness bewiesen und einen echten Coup gelandet. Er kannte die Konstruktionspläne Porsches aus den 1930er-Jahren und wusste, dass er mit dem guten Ruf Porsches und dessen Leistungen als Schöpfer durchdachter Fahrzeuge ein gutes Geschäft machen würde. Daher schloss er 1949 einen Lizenzvertrag mit Porsche und durfte ab sofort das Modell 313 bauen, das als AP 17 berühmt wurde.

Allgaier System-Porsche

Für die Porsche-Lizenz-Fertigung reichten die Kapazitäten bei weitem nicht aus. Aus diesem Grund entschloss sich Allgaier, in Friedrichshafen-Manzell auf dem im Krieg zerstörten Dornier-Fabriksgelände ein neues Werk zu errichten. In der Presse wurde der AP 17 mit großen Vorschusslorbeeren bedacht. Tausende interessierten sich für den Schlepper, der im Preis unschlagbar günstig war und dennoch durch hervorragende technische Eigenschaften glänzte. Doch das Modell hatte mit Reklamationen zu kämpfen. Der Aufbau einer kompletten Fabrik und die Umsetzung der Fertigung innerhalb eines Jahres hatten jeden bis ans Limit getrieben und zu Fehlern bei der Produktion geführt.

> Hier präsentieren sich ein Porsche Super und ein Junior dem Publikum auf einem der größten Schleppertreffen Süddeutschlands in der Nähe von Dinkelsbühl.

Der AP 17 – AP steht für Allgaier-System-Porsche – war ein in Blockbauweise gefertigter Schlepper mit einem luftgekühlten Zweizylindermotor, der 18 PS leistete. Besonders hervorzuheben sind bei diesem ausgefeilten Typ die Ölreinigungsschleuder, eine ölhydraulische Kupplung (Anfahr-Turbokupplung), großer Lenkeinschlag für bessere Wendigkeit, auf Wunsch einer der ersten ölhydraulischen Kraftheber in Deutschland, ein elektrischer Anlasser serienmäßig. Preislich war der AP 17 nicht zu schlagen. Die Konkurrenz kam an die 4.450 D-Mark nie und nimmer heran. Allgaier und mit ihm eigentlich Porsche hatten den Schleppermarkt gehörig durcheinander gewirbelt. Andere Hersteller suchten ihr Heil im Konter und senkten ihre Preise zum Teil massiv. Letztlich sprang in der Zulassungsstatistik von 1951 für Allgaier Platz zwei heraus: ein unglaublicher Erfolg! Über 10.000 Schlepper hatte die Firma inzwischen gefertigt.

Aus dem AP 17 ging noch ein Unikum hervor, ein voll verkleideter Plantagenschlepper, der einem Rennwagen ähnlicher sah als einem Schlepper. Er sollte in Südamerika zusätzliche Einkünfte generieren, doch nur knapp über 200 Stück dieses interessanten Gefährts konnten verkauft werden. Dieser A312 fuhr übrigens mit einem Ottomotor, da man große Bedenken bei Diesel im

Nomenklatur der Porsche-Modelle
Man unterscheidet Varianten (zum Beispiel lang, schmal, vereinfacht, die mit Kürzeln gekennzeichnet waren) und Versionen der Modelle, die in der Regel durch eine dreistellige Ziffer gekennzeichnet werden, wobei die erste Zahl die Anzahl der Zylinder ausdrückte. Die Versionen des Super beginnen beispielsweise alle mit einer 3. Im Laufe der Modellgeschichte erhöhten sich die PS und wurden technische Verbesserungen durchgesetzt.

Umgang mit Obst hatte. In den folgenden Jahren wurde ein stärkeres Modell AP 22 angeboten und ein AP 17 „light" ohne ölhydraulische Kupplung, aber für einen niedrigeren Preis.

Die Porsche-Hauben

1952 wurde die Produktion der in die Jahre gekommenen R-Reihe aufgegeben. Eine neue Baureihe sollte den frei gewordenen Platz einnehmen. Sie bestand aus vier Typen, die zugleich das Finale furioso des Schlepperherstellers Allgaier darstellen, der sich anschließend wieder in die Metallbearbeitung zurückzog und Blechteile für die Automobilindustrie formte. Heute arbeitet Allgaier unter der Regie des ehemaligen Arbeitgeberpräsidenten Dieter Hundt in diesem Bereich immer noch sehr erfolgreich.

Die Modelle A 111, A 122, A 133 und A 144 wurden im Baukastenprinzip hergestellt, so dass viele der Bauteile in allen Schleppern der Reihe verwendet werden konnten. Der A 111 war mit einem Einzylinder-Wirbelkammer-Motor mit Einspritzdüse ausgestattet, der bei 2.000 U/min 11 PS leistete, der A 122 mit einem Zweizylinder mit 22 PS und so weiter. Die beiden größten verfügten über eine ölhydraulische Voith-Kupplung, die es für den A 122 nur auf Wunsch gab. Die Modelle waren preisgünstig zu bauen, gut zu warten und dank ihrer vorn hochgezogenen Motorhaube, dem Kennzeichen der späteren Porsche-Diesel, auch ein optischer Erfolg. Die Wespentaille des A 111 erlaubte die Mitführung von Anbaugeräten im Zwischenachsraum.

1955 entschied sich Allgaier auf dem Höhepunkt seines Erfolgs, aus dem Schleppergeschäft auszuscheiden und verkaufte die Traktorenproduktion in Manzell an Mannesmann. Unter dem Namen Porsche-Diesel begann nun das zweite Leben dieser hervorragenden Schlepper.

Aus Allgaier wird Porsche-Diesel

Ab dem 1. Januar 1956 war die Porsche-Diesel-Motorenbau GmbH stolze Besitzerin eines der schönsten und modernsten Schlepperproduktionsgelände mit einer Kapazität von jährlich 20.000 Fahrzeugen. Das Büro Porsche blieb der Hauskonstrukteur und erhielt neben den Lizenzgebühren auch ein üppiges Honorar. Allerdings konnte Mannesmann auch vom zugkräftigen Namen des berühmten Konstrukteurs profitieren. Diesen galt es in den folgenden Wochen durch gezieltes Marketing einer breiteren Öffentlichkeit bekannt zu machen. Zunächst änderte sich außer der Lackierung und den Namen bei den

> Dieser Porsche Master (Baumuster 409) stammt aus dem Jahr 1962 und hat 50 PS bei 2.000 U/min. Nur 50 Stück dieser gesuchten Sammlerrarität wurden gebaut.

übernommenen Modellen noch nichts. Statt des A stand nun eben ein P vor den drei Ziffern. Erst im Herbst 1957 wurden dann die neuen Modelle eingeführt, deren Namen bis heute viele Traktorfreunde in Erregung versetzen: Junior, Standard, Super und – 1958 – der Master.

Die Ausgangssituation der neuen Firma war hervorragend. Ein gut ausgebautes Händlernetz, vorbildliche Schulungen und kostenlose Frühjahrsinspektionen lockten die Käufer in Scharen an. Porsche war schon mit den Vorgängermodellen innerhalb eines Jahres auf den zweiten Platz der Zulassungsstatistik emporgeschnellt. Allerdings verliert diese Erfolgsstory ein wenig an Glanz, wenn man bedenkt, dass der Vorgänger Allgaier mit diesen Maschinen auch sehr gut gelegen hatte. Nichtsdestotrotz muss man die Dynamik bewundern, die Porsche-Diesel in diesen Jahren ausstrahlte – und in hervorragende Produkte umsetzte.

Der Junior war das erste und im Rückblick auch von den Stückzahlen erfolgreichste Modell der Friedrichshafener. Als Nachfolger des P 111 (oder

> Das gleiche Modell präsentiert sich hier sehr beeindruckend. Sein Besitzer hat das Fahrzeug vorbildlich restauriert. Dennoch steht es noch im Einsatz.

Allgaier A 111), war er für Kleinbauern interessant, aber auch in der Schmalspurversion ein gerne gekaufter Obst- und Plantagenschlepper.

Triumph und Ende

Der Junior hatte einen luftgekühlten Einzylindermotor und ein Sechsganggetriebe von ZF, die ja in unmittelbarer Nachbarschaft residierte. Er schaffte 14, später 15 PS und wog je nach Ausführung zwischen 875 und 1.000 kg. Die einfachste Variante war für unter 5.000 D-Mark zu haben. Der Junior wurde in Großserie produziert.

Der Standard war mit 18 PS gestartet und ist als Nachkomme des berühmten Volksschleppers AP 17 zu sehen. Beim Ende der Fertigung liefen die Standards mit 30 PS. Der Zug zur höheren Leistung war auch bei Porsche-Diesel klar zu spüren. Von dieser Zweizylinder-Maschine gab es auch eine vereinfachte Version, den Tragschlepper T, sowie den Standard Star, ebenfalls einen Tragschlepper, der allerdings mit 30 PS gegenüber dem T eine bedeutend höhere Leistung brachte.

Mit dem Super war ein hervorragender Universalschlepper gelungen, der auch die schweren Mähdrescher und andere schwere Erntemaschinen bewältigen konnte. Sein Dreizylinder-Motor hatte je nach Version zwischen 30 und 40 PS, das Fünfganggetriebe stammte von ZF oder war in Kooperation mit Deutz selbst gefertigt worden. Auch hier gab es eine besondere Version, den Super Export mit besonderen technischen Ausstattungsmerkmalen.

Die Krönung der Schlepperproduktion war jedoch der Porsche-Diesel Master. Er hatte den A 144 abgelöst und wurde handgefertigt. Dieses Kraftpaket mobilisierte 50 PS, lediglich die Version 418 wurde noch mit dem 44-PS-Motor des Vorgängers produziert. Der Vierzylindermotor aus eigener Schmiede arbeitete mit einer Drehzahl von bis zu 2.000 U/min. Die Getriebeausstattung war von fünf bis acht Gängen und von verschiedenen Herstellern. Da die Verkaufszahlen für dieses Modell naturgemäß nicht sehr hoch waren, gehören die Master heute zu den gesuchtesten Oldtimertraktoren.

Ab 1962 rutschte Porsche-Diesel in eine massive Absatzkrise. Man hatte mit den niedrigen Preisen den Markt überschwemmt und so zu dessen Sättigung beigetragen. Da die deutschen Schlepper Wertarbeit waren, war ihre Lebensdauer zu hoch, um kontinuierlich hohe Verkäufe zu landen.

Und Porsche hatte inzwischen Nachteile: Zum einen gab es nur luftgekühlte Modelle, viele Kunden hatten aber den Wunsch nach einem wassergekühlten Schlepper. Zum anderen war die technische Ausstattung nicht mehr das Nonplusultra. Die Konkurrenz hatte ordentlich nachgelegt. Schließlich fehlte ein Allradantrieb. Diese Nachteile wollte man durch die Übernahme der Schlepperproduktion von MAN beseitigen, deren Modelle mit einem solchen ausgestattet waren.

Die Übernahme erfolgte im August 1962. Doch schon im Juli 1963 war das Ende besiegelt. Die Schlepper-Herstellung musste aufgrund von Differenzen mit Mannesmann aufgegeben werden. Was bleibt, ist ein Mythos, der heute auf den Schleppertreffen zu einem der großen Anziehungspunkte geworden ist: die knallroten Schlepper von Porsche-Diesel.

> **Der Junior war an Verkaufszahlen gemessen das erfolgreichste Modell von Porsche-Diesel.**

> Der Farmall F 20 mit dem charakteristischen Doppelrad wurde von 1932 bis 1939 in den Vereinigten Staaten gebaut und besaß eine Leistung von 20 PS an der Zugstange.

Case/IHC

Am Anfang der Geschichte von Case International Harvester stehen mehrere Persönlichkeiten, die durch ihre technische Begabung und ihren Unternehmergeist die Technisierung der Landwirtschaft erheblich gefördert haben und die den Grundstock für eines der größten Unternehmen im Traktorenbau legten.

Eine dieser Persönlichkeiten war der im amerikanischen Bundesstaat Virginia lebende Cyrus Hall McCormick (1809–1884), dessen Verdienst es war, den ersten funktionsfähigen Getreidemäher entwickelt zu haben. Mit diesem von Pferden gezogenen Mähgerät konnte eine Person die Arbeit von fünf erledigen. Dies war der Anfang der McCormick Harvesting Machinery Company. 1846 nahm McCormick die Serienproduktion der Erntemaschinen in Chicago auf, und wenige Jahre später wurden schon Tausende dieser Geräte in Nordamerika verkauft.

Eine zweite Persönlichkeit war William Deering, ein erfolgreicher Kaufmann, der nicht einmal wusste, wie Mähmaschinen aussahen. Es war eine Investition in eine Erntemaschinenfabrik, die ihm den Einstieg in diese Branche ermöglichte. 1889 gründete er in Chicago eine eigene Firma für Erntemaschinen und Selbstbinder. Der Boom im Landmaschinenbau ließ auch den Umsatz der Deering Harvester Company in die Höhe schnellen.

> Dieser McCormick F 12 GH aus dem Jahr 1939 war der erste in Deutschland gebaute IHC-Schlepper. Er wurde mit Benzin betrieben und leistete 20 PS. Besonders fällt seine Lenkung auf.

Beide Unternehmen streckten bald ihre Fühler nach Europa aus. 1859 gewann McCormicks Getreidemäher auf der Weltausstellung in London eine Goldmedaille. 1900 wurde in Berlin die McCormick Harvester m.b.H. gegründet.

Eine weitere Gründerpersönlichkeit war Jerome Increase Case (1819–1891), der 1843 in Racine, Wisconsin, an den Ufern des Lake Michigan eine Fabrik für die Dreschmaschinenproduktion aufbaute. 1863 gründete er mit drei weiteren Partnern die Firma J. I. Case & Co., die wenige Jahre später neben Landmaschinen auch Dampfmaschinen für die Landwirtschaft produzierte. 1880 wurde das Unternehmen als J. I. Case Threshing Machine Company neu gegründet, und sechs Jahre später hatte es den ersten Platz auf dem Weltmarkt für Dampfmaschinen erobert.

1902 schlossen sich die McCormick Harvester Company, die Deering Harvester Company und drei weitere, in Europa weniger bekannte Unternehmen zur International Harvester Company (IHC) zusammen. Case war damals noch nicht mit von der Partie. Aber dazu später mehr.

Durch den Zusammenschluss von fünf Konkurrenten war IHC der größte Landmaschinenhersteller in Nordamerika geworden. Bei den Mähbindern hatte das Unternehmen einen Marktanteil von 90 Prozent. Auch der Absatz im Ausland wurde nicht vernachlässigt. Um die Zölle und die langen Transportwege zu umgehen, entschloss sich IHC, in Deutschland ein Werk zu er-

> Obwohl er schon über fünfzig Jahre alt ist, muss (oder darf?) dieser Farmall-Diesel DED seine 20 PS immer noch für Holzarbeiten einsetzen.

richten. Als Standort wurde Neuss ausgewählt, das wegen seiner Lage am Rhein hervorragende Transportwege bot. 1911 wurde dort mit der Fertigung von Getreidemähern, Heuwendern und Pferderechen begonnen.

Mit dem Traktorenbau begann IHC schon 1906, anfangs noch mit einem Modell mit Einganggetriebe, das eher ein fahrbarer Motor als ein Traktor war, später mit Mehrganggetrieben. Aber diese ersten Traktoren waren schwer und teuer, weswegen sie nur in relativ kleiner Stückzahl hergestellt wurden. Bedeutend erfolgreicher war IHC mit zwei kleineren, leichteren und billigeren Traktoren, die „Mogul" und „Titan" hießen. Der Durchbruch kam 1924 mit dem Produktionsbeginn des Farmall. Dieser Traktor konnte sowohl als Zugmaschine als auch für Reihenfruchtarbeiten genutzt werden. Vorne besaß der Traktor ein Doppelrad, mit dem auf dem Feld zwischen zwei Reihen gefahren werden konnte, während die Hinterräder zwischen weiter außen liegenden Reihen liefen.

1931 erweiterte IHC das Farmall-Programm mit dem 30 PS starken F-30. Ein Jahr später ersetzte der F-20 den ursprünglichen Farmall und rundete der kleinere F-12 das Angebot nach unten ab. Der Verkauf von Traktoren und Landmaschinen boomte. Anfang der 1930er-Jahre konnte IHC von sich behaupten, der größte Landmaschinenhersteller der Welt mit über 100.000 Mitarbeitern und über 40 Fabriken zu sein.

1935 kam der Entschluss, auch in Deutschland Traktoren zu produzieren, da Importe zunehmend durch die nationalistische Wirtschaftspolitik des Nazi-Regimes behindert wurden. Man einigte sich darauf, den kleineren Farmall in einer eigens für den deutschen Markt angepassten Version zu produzieren, den F-12 G (G steht für „Germany“). Die deutschen Landwirte hielten nicht viel von Dreiradtraktoren, weswegen der Farmall mit einer zweirädrigen Vorderachse ausgestattet wurde. Der für kleine und mittlere Betriebe gedachte F-12 G wurde ab Herbst 1937 in verschiedenen Versionen ausgeliefert, manchmal unter dem Markennamen „Deering“ und manchmal „McCormick“. Die Motorleistung betrug ungefähr 15 PS. 1940 wurde die Leistung auf 20 PS angehoben. Die stärkeren Schlepper wurden unter der Bezeichnung FG vertrieben, falls sie mit Luftbereifung ausgestattet waren, und FS bei Stahlbereifung.

Ab 1943 war IHC in Deutschland auch gezwungen, auf Holzgasschlepper umzusteigen. Nach dem Krieg kam durch die schwere Beschädigung der Werkshallen die Produktion nur wieder langsam in Gang. Dies änderte sich mit der Währungsreform 1948, als das Wirtschaftsleben wieder in Fahrt kam und die Nachfrage in allen Bereichen emporschnellte. Für IHC begann der Wiedereinstieg in den Traktorenmarkt 1948 mit dem FG 3, der mit seiner auf 6,8 km/h gedrosselten Höchstgeschwindigkeit und dem gesperrten vierten Gang für Landwirte ohne Führerschein gedacht war. Allerdings verkaufte sich der Bauernschlepper der Deutzer Konkurrenz um mehr als das Zehnfache besser.

Der FG 3 lief noch mit Petroleum. Irgendwann setzte sich jedoch auch in Neuss und in der amerikanischen Konzernzentrale die Erkenntnis durch, dass

> **Dieser Farmall D-217 stammt aus dem Jahre 1957 und besitzt einen 17 PS starken Motor. Im Gegensatz zu den amerikanischen Farmalls hat dieses Modell auch vorne zwei Räder.**

> Der 743 wurde von IHC in Neuss am Rhein von 1980 bis 1989 gebaut. Unter der Haube arbeitete ein Vierzylindermotor mit einer Leistung von 67 PS und einem Hubraum von 3.911 cm³.

das Dieselzeitalter nicht mehr abzuwenden war. Die Folge davon war die Entwicklung des FGD 2, der mit einem Zwei-Zylinder-Dieselmotor von MWM ausgerüstet war.

Richtige Verkaufsschlager wurden jedoch drei andere Modelle, die 1953 auf den Markt kamen und mit einem selbst startenden Dieselmotor ausgerüstet waren: der DLD 2 mit zwei Zylindern und 14 PS Leistung, der DED3 mit drei Zylindern und 20 PS Leistung sowie der DGD 4 mit vier Zylindern und 30 PS Leistung. Die Abkürzungen standen für „Deutscher Leicht-Diesel", „Deutscher Einheits-Diesel" und „Deutscher Groß-Diesel". Diese Modelle waren speziell für den deutschen Markt entwickelt worden.

Mit optisch und technisch verbesserten Modellen trat IHC 1956 an die Öffentlichkeit. Die neue Baureihe bestand anfangs aus fünf Typen und deckte ein breiteres Leistungsspektrum ab als die vorhergehenden Baureihen. Die neuen Modelle hießen D-212, D-217, D-320, D-324 und D-430. Das „D" in der Typen-Bezeichnung wies darauf hin, dass das Fahrzeug aus deutscher Produktion kam. Die erste Ziffer gab die Anzahl der Zylinder an, und die beiden andern Zahlen standen für die PS-Leistung. Zu den Neuerungen gehörte, dass der Frontlader nun ohne zusätzlichen Rahmen montiert werden konnte, der Fahrersitz war nach unten und vorne gerutscht, die Motorhaube war kantiger

> Der D-440 wurde 1958 der Öffentlichkeit vorgestellt und war eine stärkere Version des D-430. Mit seinen 40 PS kam er der zunehmenden Nachfrage nach mehr Leistung entgegen.

und besaß einen veränderten Kühlergrill. Die vorderen Scheinwerfer waren am Frontgitter montiert. Die Hydraulik konnte nicht nur nach oben ziehen, sondern auch nach unten drücken, was zum Beispiel beim Pflügen und beim Aufbocken des Traktors nützlich war. Die stärkeren Modelle waren ab 1956/57 wahlweise mit dem Agriomatic-Getriebe lieferbar. Mit dem neuen Getriebe konnte auch bei voller Zapfwellendrehzahl angehalten und weich angefahren werden, was beim Mähen oder beim Arbeiten mit Ballenpressen, Feldhäckslern, Bindern und so weiter von besonderem Vorteil war.

In den folgenden Jahren wurden der D-Reihe neue Modelle hinzugefügt und alte überholt. Von 1957 bis 1964 besetzte IHC den zweiten Platz in der deutschen Zulassungsstatistik für Traktoren. Ungefähr die Hälfte der Neusser Produktion war zudem für den Export bestimmt.

Mit der zunehmenden wirtschaftlichen Integration der westeuropäischen Länder entschloss man sich auch bei IHC zu einer Kooperation zwischen den deutschen und französischen Werken. Die neue Baureihe, die ab 1965 von den Bändern lief, wurde inoffiziell „CM-Reihe" (für Common Market) oder „EWG-Reihe" (für Europäische Wirtschaftsgemeinschaft) genannt. Das D in der Modellbezeichnung war weggefallen, da die Traktoren für den ganzen europäischen Markt bestimmt waren.

Die äußerlichen Neuerungen in der EWG-Reihe bestanden in einer kantigeren Motorhaube. Die Frontscheinwerfer waren im Kühlergrill integriert, der anfangs aus Kunststoff, später aus Aluminium hergestellt wurde. Die Traktoren waren mit einem Synchrongetriebe ausgestattet und konnten wahlweise mit einem weiterentwickelten Agriomatic-S-Getriebe geliefert werden. Der Trend ging auch bei IHC eindeutig in Richtung höhere Leistung. Die beiden 1965 erschienenen Modelle, der 523 und der 624, leisteten 48 bzw. 53 PS. Ab 1967 wurde der 323 mit 26 PS gebaut. Aber als der Bau dieses Modells 1974 eingestellt wurde, ging damit auch die Ära der Traktoren unter 30 PS zu Ende.

Der Erfolg der neuen Baureihe blieb nicht aus. 1972 erreichte IHC den ersten Platz in der deutschen Zulassungsstatistik für Traktoren, und 1975 wurde der erste Platz europaweit eingenommen. So weit lief alles gut. Doch 1979 begann ein Streik, die amerikanischen IHC-Werke lahm zu legen. Der Arbeitskampf zog sich ein halbes Jahr hin. Als sich die Arbeitgeber- und die Arbeitnehmerseiten endlich auf einen Kompromiss geeinigt hatten, begann die wirtschaftliche Rezession, gefolgt von einer einbrechenden Nachfrage in der Landwirtschaft, die es dem IHC-Konzern unmöglich machte, sich selbst aus der Misere zu retten.

An dieser Stelle kommt das Unternehmen ins Spiel, das Jerome Increase Case gegründet hatte. Der Landmaschinenhersteller Case war 1970 eine hundertprozentige Tochter des texanischen Mischkonzerns Tenneco geworden. 1985 kaufte Tenneco auch den Landmaschinenbereich von IHC auf und vereinigte die beiden Unternehmensteile unter dem Markennamen Case IH.

1989 brachte Case IH die in den USA entwickelte Magnum-Baureihe auf den Markt, die mit Sechs-Zylinder-Turbomotoren im Leistungsbereich von 155 bis 246 PS ausgestattet war. In Neuss wurde die Maxxum-Baureihe entwickelt. Die 1990 auf den Markt kommenden Maxxum-Modelle lagen im Leistungsbereich von 90 bis 110 PS und hatten Motoren aus eigener Fertigung mit vier bis sechs Zylindern unter der Haube. Vorerst schien die Welt wieder in Ordnung zu sein. Doch 1993 kam von der Konzernspitze die Mitteilung, dass Case IH Überkapazitäten habe und deshalb das Neusser Werk geschlossen werden müsse. Die Produktion solle in das englische Werk Doncaster verlagert werden.

> Der MT975E gehört zu den stärksten Challenger-Traktoren mit Knicklenkung. Gebaut wird der Schlepper in dem AGCO-Werk in Jackson im amerikanischen Bundesstaat Minnesota. Als Antrieb dient ein 16,8 Liter großer Motor von AGCO Power (dem früheren Sisu) mit einer Nennleistung von 598 PS und einer Maximalleistung von 646 PS.

Durch den Zukauf der Steyr Landmaschinentechnik GmbH mit Sitz im österreichischen St. Valentin, die eigene Traktoren herstellt, verstärkte Case IH 1996 seine Position in Europa und erweiterte seine Produktpalette. St. Valentin wurde ein wichtiger Produktionsstandort.

Die Tenneco-Gruppe hatte schon 1994 Aktien von Case IH zum Verkauf angeboten. 1999 nutzte der Fiat-Konzern, zu dem schon New Holland gehörte, die Gelegenheit und kaufte Case IH auf. Das Produkt dieser Vereinigung ist der neue große Landtechnikkonzern Case New Holland (CNH).

Challenger

Challenger entstand 1987 als Landtechniksparte des Baumaschinen- und Motorenherstellers Caterpillar. Grund für den Einstieg von Caterpillar in den Traktorenbau war die Entwicklung des Mobil-trac-Systems, das die Verwendung von Raupenlaufwerken auch in der Landwirtschaft interessant machte. Der Vorteil dieser Laufwerke war die große Auflagefläche, mit der das Problem der Bodenverdichtung verringert, die Motorleistung besser in Zugleistung umgewandelt und eine größere Geländegängigkeit erzielt werden konnte. Die gelben

> Ein Kraftpaket für die großflächige Landwirtschaft: Unter der Haube des Atles 936 arbeitet ein Deutz-Motor mit einer Nennleistung von 250 PS bei 2.200 U/min.

Challenger-Traktoren aus dem Hause Caterpillar waren nicht nur wegen ihrer Raupenlaufwerke, sondern auch wegen ihrer Größe und Leistungsstärke bekannt. Es waren vor allem landwirtschaftliche Betriebe mit großen Flächen und Lohnunternehmer, die als Zielgruppe dafür in Frage kamen. Ab 1999 vertrieb Claas unter eigenem Namen und in grünem Lack einige Challenger-Modelle auf dem europäischen Markt.
2002 entschloss sich Caterpillar jedoch, wieder aus dem Schlepperbau auszusteigen. Die Landtechniksparte wurde daraufhin von AGCO übernommen und ausgebaut. Zu den Raupentraktoren gesellten sich nun auch Vierradtraktoren sowie andere Fahrzeuge und Maschinen wie Mähdrescher, Ballenpressen und selbtfahrende Feldspritzen. Challenger erregte auf der Agritechnica 2005 mit der Vorstellung des damals leistungsstärksten in Serie gebauten Traktors der Welt Aufsehen. Das Leistungsspektrum der Challenger-Traktoren reicht heute von 90 PS bis knapp 600 PS Nennleistung.

Claas

Die Firma Claas gehört zu den seltenen Unternehmen, die erst in den Traktorenbau einstiegen, als andere wieder aufhörten oder aufgekauft wurden. Die Ursprünge des Unternehmens liegen im westfälischen Clarholz, wo die Brüder Franz, Bernhard und August 1914 die Firma Gebrüder Claas gründeten. 1919 erfolgte der Umzug in das nahegelegene Harsewinkel, wo sich bis heute der Firmensitz befindet.

Die Firma spezialisierte sich auf die Herstellung von Erntemaschinen wie Binder, Pressen und, ab 1936, gezogene Mähdrescher. Die Produktpalette wurde absichtlich nicht in andere Bereiche ausgeweitet, da man dort das Beste bringen wollte, wo die Hauptkompetenz lag. Die Strategie zahlte sich aus, das Unternehmen wuchs. 1953 wurde bei Claas mit dem Bau des ersten selbstfahrenden Mähdreschers begonnen. Es war der Umweg über diese Mähdrescher-

> Der von 1957 bis 1960 produzierte Huckepack war Geräteträger und Mähdrescher in einem. Sein Dieselmotor erzielte 15 PS Maximalleistung.

technik, die Claas den Einstieg in den Traktorenmarkt ebnete. In den 1950er-Jahren versuchten sich mehrere Traktorenhersteller am Bau von Geräteträgern. Die Konstrukteure von Claas wollten noch einen Schritt weiter gehen und stellten 1956 den „Huckepack“ vor, der eine Kombination aus Mähdrescher, Geräteträger und Schlepper war. Mit den Mähdrescherauf- und -anbauten sah der Huckepack wie ein normaler selbstfahrender Mähdrescher aus. Ohne die Anbauten glich er einem Geräteträger mit zwei Holmen, bei dem der Fahrer auf einer erhöhten Plattform saß. Hinter der Konstruktion des Huckepack stand wohl die ursprüngliche Idee, dass ein Mähdrescher nur während der Erntezeit eingesetzt wurde, dass man aber das Grundgerüst auch für andere Zwecke nützen könnte. Doch die Landwirte blieben dem Gefährt gegenüber misstrauisch, die Produktionszahlen bescheiden.

Ein zweiter gewichtiger Schritt in Richtung Traktorenentwicklung wurde 1993 mit der Ankündigung des Xerion gemacht. Dabei sollte es sich um einen leistungsstarken Systemschlepper handeln, der mit modernster Technik ausgestattet war, vier gleichgroße Räder und eine Allradlenkung besaß. Bei der Entwicklung des Xerion wurde dem Umstand Rechnung getragen, dass Traktoren nicht mehr nur in der Landwirtschaft eingesetzt werden, sondern auch in den schnell an Bedeutung gewinnenden Bereichen der Landschaftspflege und Kommunaldienste, aber auch in der Forst- und in der Bauwirtschaft. Dazu war es erforderlich, dass der Traktor Fässer transportieren, die unterschiedlichsten Anbaugeräte aufnehmen, sowie Pflüge und Wagen ziehen kann.

Die Entwicklung nahm mehr Zeit als vorgesehen in Anspruch. Es dauerte noch bis 1997, bis die ersten Xerions auf den Markt kamen. Das erste Modell war in einer 250 bzw. 300 PS starken Version erhältlich. Der 2005 vorgestellte Xerion

> Als Traktoren der komfortablen Oberklasse galten die Modelle der Ares-600-Reihe, wie dieser Ares 696 mit seinem 140 PS starken Sechszylinder-Motor.

3300 ist mit einem Sechszylinder-Motor ausgerüstet, der eine Maximalleistung von 335 PS erbringt. Er wird in drei Versionen angeboten. In der Version als reine Zugmaschine nimmt die Kabine eine mittige Position ein. Ein Aufbauraum befindet sich bei dieser Konfiguration hinter der Kabine. Das Einsatzgebiet ist das eines Standardtraktors der oberen Klasse. Bei der zweiten Version ist die Kabine drehbar und kann sich sowohl in der Mitte als auch in der hinteren Mitte des Fahrzeugs befinden. Dadurch ist eine variablere Einsatzmöglichkeit geboten. Die dritte Version ist die des Transportspezialisten. Die Kabine befindet sich in diesem Fall vorne, oberhalb des Motors, während hinten eine größere Aufsattlungsmöglichkeit für Auflieger besteht. Die Zielgruppe des Xerion sind neben großen landwirtschaftlichen Betrieben auch Kommunen und Lohnunternehmer.

Der wirklich große Sprung ins Traktorengeschäft gelang Claas 2003 mit dem Erwerb der ehemaligen Landmaschinensparte des französischen Renault-Konzerns. Die Traktoren von Renault Agriculture hatten in Deutschland zwar nur einen geringen Marktanteil, dafür aber einen umso größeren in Frankreich und einigen anderen westeuropäischen Ländern. Zudem brachte der Einkauf moderne Produktionsstätten, erprobte Baureihen, ein europäisches Vertriebsnetz und eine innovative Technologie mit sich.

Abgesehen von den Xerion-Modellen bietet Claas heute fünf Baureihen von Traktoren an. Die Nexos-Reihe ist vor allem für Wein- und Obstbaubetriebe gedacht. Als Allround-Traktoren für Grünland-, Pflege- und Ackerarbeiten sind die Modelle der Elios- und Atos-Reihen gedacht, die im Leistungsbereich von 75 bis 109 PS liegen. Höhere Anforderungen und Ansprüche, sowohl in Hinsicht auf Leistung, technische Ausstattung als auch Komfort, sollen die Trakto-

> Claas führte 2004 den 380 PS starken Xerion 3800 ein. Bei der VC-Ausführung des Modells konnte die Kabine um 180 Grad gedreht werden.

ren der Arion-Reihe erfüllen. Die maximale Leistung dieser Modelle geht von 90 PS bis 140 PS. Die Flaggschiffe befinden sich gegenwärtig unter den Modellen der Axion-Reihe, die eine Leistung von 205 bis 410 PS erreichen können und mit allen Raffinessen der modernen Traktoren-Hightech ausgestattet sind. Dass sich Claas mit der Ausweitung seiner Aktivitäten in den Traktorenbau nicht übernommen hat, zeigen die wachsenden Umsatzzahlen, von denen drei Viertel im Ausland erzielt werden.

Deutz

Die Anfänge des Traditionsunternehmens Deutz reichen bis in die Mitte des 19. Jahrhunderts zurück. 1864 gründete der technisch versierte Zuckerfabrikant Eugen Langen zusammen mit Nikolaus August Otto, dem Erfinder des Otto-Motors, in der Servasgasse der Kölner Altstadt die Motorenfabrik N. A. Otto & Cie. Der Start der Motorenfabrik verlief anfangs etwas holprig.

1867 erhielt das Kölner Unternehmen auf der Pariser Weltausstellung eine Goldmedaille für die „atmosphärische Kraftmaschine", einen verbesserten Gasmotor. 1872 übernahm Gottlieb Daimler die Aufgabe des Technischen Direktors. Nach dem Umzug in den Vorort Deutz, dem heutigen Köln-Deutz, und der Neugründung unter dem Namen Gasmotoren-Fabrik Deutz AG, begann 1876 mit einer schnell wachsenden Mitarbeiterzahl die Produktion der noch mit Leuchtgas betriebenen Viertakt-Motoren, die schlagkräftig als „Ottos neuer Motor" vertrieben wurden.

Die ersten Schritte in der Motorisierung der Landwirtschaft unternahm der amerikanische Ableger des Unternehmens, „The Otto-Gas-Engine-Works AG"

> Vom MTH zum TTV: Der in Lauingen produzierte Agrotron TTV 1160 aus dem Hause Deutz-Fahr gehörte mit seinem stufenlosen Getriebe seinerzeit zu den Höhepunkten der Traktortechnik.

in Philadelphia, mit dem Bau von Pflug-Lokomobilen. Die Kölner wagten sich dagegen neben der Motorenproduktion an den Bau von Lokomotiven und, durch die Nachfrage während des Ersten Weltkriegs beflügelt, von schweren Zugmaschinen. Eine Folge dieser Entwicklung war die 1919 gebaute Zugmaschine Deutzer Trekker, die, mit einer Seilwinde ausgestattet, Pflüge, Wagen und andere schwere Maschinen und Gegenstände nach sich ziehen konnte. Das 3,8 Tonnen schwere, 30 PS starke Gefährt bot jedoch noch nicht die technischen Voraussetzungen für eine Serienfertigung oder einen verbreiteten Einsatz in der Landwirtschaft.

Der MTH 222 und die MTZ-Reihe

Die Serienfertigung von Standardtraktoren, die eine größere Zielgruppe unter den Landwirten ansprechen konnte, begann erst 1926 mit dem MTH 222, bei

> Die MTZ-Schlepper fuhren oft noch auf Eisenrädern, die sich bei der Feldarbeit bewährten. Es standen jedoch auch Vollgummireifen zur Verfügung.

> Ein Werbeplakat für einen Stationärmotor der MA-Bauart. Diese Motoren wurden in unterschiedlichen Versionen von 1921 bis 1954 gebaut und erreichten eine Leistung von 4 bis 15 PS.

dessen Konstruktion sich die Deutz-Techniker von dem 12-PS-Bulldog des Heinrich Lanz hatten inspirieren lassen. Der drei Tonnen schwere Schlepper war mit einem liegenden Einzylinder-Dieselmotor ausgerüstet, der eine Leistung von 14 PS bei 600 U/min erbrachte. Das Getriebe besaß zwei Vorwärtsgänge und einen Rückwärtsgang und wurde über eine Rollenkette angetrieben. Der MTH war anfangs mehr als selbstfahrender Antrieb für landwirtschaftliche Arbeitsmaschinen gedacht. Dass er sich auch als Zugmaschine eignete, war eher eine Nebenerscheinung. Den großen Durchbruch im Traktorbau erbrachte der in einer Stückzahl von 330 Einheiten gebaute MTH 222 jedoch noch nicht.

Einen weiteren Entwicklungssprung in der Traktortechnik stellte die MTZ-Baureihe dar. 1929 erschien der MTZ 120 mit einer Leistung von 27 PS, 1932 folgte der MTZ 220 mit einem 30 PS starken Motor, und zwei Jahre später ergänzte der MTZ 320 mit seinen 36 PS die Reihe. Die drei Modelle waren mit einem Zweizylinder-Dieselmotor ausgerüstet. Die Leistungssteigerung der späteren Modelle wurde durch eine Erhöhung der Drehzahl und der Einspritzmenge erreicht. Ansonsten waren sie fast baugleich. Das Getriebe wurde über eine Duplex-Rollen-Kette angetrieben und besaß drei Vorwärtsgänge und einen Rückwärtsgang.

Dass die MTZ-Reihe den Bedürfnissen der antriebs- und zugkrafthungrigen Landwirtschaft entsprach, zeigte sich in den steigenden Verkaufszahlen.

Bis 1936 wurden über 2.600 Traktoren verkauft, wobei das PS-stärkste Modell mit einer Verkaufszahl von über 1.400 an der Spitze lag.

Nachdem das Kölner Unternehmen schon seit mehreren Jahren Dieselmotoren in Serienfertigung produziert hatte, war 1921 der Firmenname passenderweise in Motorenfabrik Deutz AG umgeändert worden. Eine weitere Namensänderung erfolgte schließlich im Jahre 1930 nach der Übernahme der ebenfalls in Köln beheimateten Maschinenbauanstalt

Humboldt. Der schnell expandierende Motor- und Traktorhersteller hieß nun „Humboldt-Deutzmotoren AG".

Die „Stahlschlepper"

Ein weiterer Vorwärtssprung in der Traktorentwicklung ereignete sich 1934 mit dem Produktionsbeginn des F 2 M 315. Der in Blockbauweise gefertigte Traktor besaß ein aus Stahlblech bestehendes Getriebegehäuse, das mit dem Zweizylinder-Motor verflanscht war, weswegen die Traktoren dieser Bauart auch als „Stahlschlepper" bezeichnet wurden. Der F 2 M 315 war in verschiedenen Ausführungen mit unterschiedlicher Bereifung erhältlich: als Straßen-, Acker- oder Universalschlepper. Auch das Getriebe gab es in verschiedenen Ausführungen, mit drei, vier oder fünf Vorwärtsgängen und einem Rückwärtsgang. Der Motor erbrachte anfangs eine Leistung von 25 PS, die später auf 28 PS erhöht wurde. Die Zapfwelle drehte sich mit 540 Umdrehungen pro Minute.

Zu den Stahlschleppern gesellten sich im Laufe der folgenden Jahre noch andere Modelle, so zum Beispiel der dreizylindrige F 3 M 317 mit 50 PS oder der 35 PS starke F2M 417, der bis 1953 gebaut wurde. Dass die Deutz-Stahlschlepper einen Durchbruch in der Motorisierung der Landwirtschaft darstellten, zeigte sich nicht zuletzt in den Verkaufszahlen. Alleine vom ersten Modell wurden bis 1942 ungefähr 12.000 Stück produziert.

> Deutz prägte mit seinem 1933 präsentierten „Stahlschlepper" die Geschichte des Schlepperbaus. Das Triebwerksgehäuse war aus Stahl gefertigt.

> Der F 1 M 414 war nur elf PS stark, wurde aber aufgrund seiner Erschwinglichkeit zum Bauernschlepper schlechthin.

F 1 M 414 (Bauernschlepper)

In der Anfangszeit des Traktorenbaus waren die Arbeits- und Zugmaschinen wegen des hohen Preises vor allem den großen Bauernhöfen und Gütern vorbehalten. Für viele mittlere oder gar kleine landwirtschaftliche Betriebe blieben die Schlepper unerschwinglich. 1936 brachte Deutz einen Traktor auf den Markt, der es auch kleineren Betrieben ermöglichen sollte, von der tierischen zur mechanischen Zugkraft zu wechseln. Der mit einem elf PS starken Einzylinder-Motor ausgestattete F 1 M 414 wurde als der „Bauernschlepper" schlechthin bekannt. Mit dem Kaufpreis, der unter 3.000 Reichsmark lag, sprach der „11er-Deutz", wie er ebenfalls genannt wurde, eine bedeutend breitere Schicht unter den Landwirten an, als es den anderen Stahlschleppern oder der MTZ-Reihe jemals möglich war. Ausgestattet war der „Bauernschlepper" serienmäßig mit einem Dreiganggetriebe, einer Riemenscheibe, einem Mähwerksantrieb und einer Zapfwelle mit 540 U/min.

Seiner Robustheit und Zuverlässigkeit, verbunden mit dem relativ niedrigen Preis, war es zu verdanken, dass der F 1 M 414 schon kurz nach dem Ende des Zweiten Weltkriegs wieder gebaut wurde. Der Nachkriegs-Bauernschlepper war mit einem Vierganggetriebe ausgestattet und hatte ab 1950 einen zwölf PS starken Motor. Außerdem war er in einer Schmalspurversion für Plantageneinsätze erhältlich.

Die ersten luftgekühlten Traktoren

Auch in anderen Bereichen durchlief Deutz eine schnelle Entwicklung. 1936 erfolgte die Übernahme der Ulmer Fahrzeugfabrik Magirus und damit der Produktionsbeginn der Magirus-Deutz-Nutzfahrzeuge. Später wurde das „M" von Magirus in das Logo des Mutterunternehmens übernommen. 1938 erfolgte mit dem Zusammenschluss mit der Klöckner-Werke AG und Klöckner & Co eine weitere bedeutende unternehmerische Weichenstellung. Der neue Unternehmensname war nun Klöckner-Humboldt-Deutz (KHD).

Der Zweite Weltkrieg brachte nicht nur die Entwicklung von Holzgasschleppern mit sich, sondern auch die Forderung der Militärs nach luftgekühlten

> Die D-Reihe war sicher der Höhepunkt in der Geschichte des Schlepperbaus von Deutz. Dieser D 15 war das Einstiegsmodell mit 14 PS.

Motoren, da diese im Winter nicht einfrieren konnten. KHD entwickelte zu diesem Zweck den Motor FL 514, der nach dem Krieg Eingang in den Traktorenbau fand. 1950 kam der luftgekühlte einzylindrige F 1 L 514 auf den Markt. Der 15 PS starke Traktor verdrängte bald den wassergekühlten „11er-Deutz", dessen Produktion kurz darauf eingestellt wurde. Ein Jahr nach Einführung wurde das Getriebe von vier auf fünf Vorwärtsgänge aufgerüstet. Die damit verbundene Steigerung der Höchstgeschwindigkeit von elf auf 20 km/h bedeutete eine erhebliche Zeitersparnis für den Landwirt. Im gleichen Jahr erschien auch der F 2 L 514 mit zwei Zylindern und einer Leistung von anfangs 28 und später 30 PS.

In den folgenden Jahren weitete KHD sein Programm mit Traktoren der 514er-Motorreihe erheblich aus. Bald gab es Traktoren mit drei und vier Zylindern mit unterschiedlicher Ausstattung und einer Leistung von bis zu 65 PS. Das Kölner Unternehmen hatte sich zu einem der wichtigsten Traktorhersteller in Deutschland entwickelt. Das Jahr 1951 bot für KHD gleich zwei Gründe zum Feiern: das 75-jährige Jubiläum des Ottomotors, und der 50.000. Traktor seit Produktionsbeginn bei Deutz verließ die Werkshalle. Drei Jahre später wurde der 100.000. luftgekühlte Dieselmotor hergestellt.

D-Reihe

1958 ging die D-Reihe an den Start. Diese Modelle zeichneten sich nicht nur durch eine neue Namensgebung aus, sondern auch durch die neue Motorengeneration F L 712. Eine Innovation stellte auch die Vorderachsenfederung dar, die eine bedeutende Verbesserung des Fahrkomforts bewirkte. Mit dem D 15, dessen F 1 L 712 eine Leistung von 14 PS erbrachte und der von 1959 bis 1964 gebaut wurde, war zum letzten Mal ein Einzylinder-Modell zu haben. Von nun an ging die Entwicklung unweigerlich zu mehr Leistung und höherer technischer Ausstattung.

D-05 und D-06

Mit der Weiterentwicklung des Motors zum Typ FL 812 wurde ab 1965 eine neue Traktor-Baureihe eingeführt, die D-05 genannt wurde. Alle Modelle die-

> Die Kabine der Intracs befand sich oberhalb der Vorderachse. Dadurch hatte der Fahrer einen ungehinderten Blick auf den Frontanbauraum.

ser Reihe besaßen ein Axialgebläse, ein Massenausgleichsgetriebe und eine verbesserte Hydraulikanlage. Um die Herstellungskosten zu senken, war eine Vereinheitlichung der Bauteile unternommen worden.

Zwei wichtige Neuerungen gab es bei der D-05-Reihe. Mit den Modellen D 6005, D 8005 und D 9005 waren zum ersten Mal serienmäßig Deutz-Traktoren mit Allradantrieb erhältlich. Außerdem hielt bei einigen Modellen dieser Baureihe anstelle des Wirbelkammerverfahrens bereits der Direkteinspritzer-Motor Einzug, so bei dem 58 PS starken D 6005 und dem sechszylindrigen D 9005.

Schon 1968 begann die Produktion der Baureihe D-06, die sich von der Vorgängerreihe vor allem durch die Entwicklung neuer, leistungsstärkerer Modelle und die generelle Einführung der Direkteinspritztechnologie beim Motor, dem FL 912, auszeichnete. Der kleinste unter den D-06-Traktoren war der D 2506 mit zwei Zylindern und 24 PS unter der Haube. Nach oben wurde die Reihe durch den D 12006 und später dem D 13006 mit ihren sechs Zylindern und 120 PS abgerundet.

Zwei weitere wichtige Ereignisse in der Unternehmensgeschichte stellten 1970 die Übernahmen des Traktorherstellers Fahr, der seinen Sitz in Gottmadingen, in der Nähe des Bodensees, hatte, und des im bayerischen Lauingen ansässigen Landmaschinenherstellers Ködel und Böhm dar.

Intrac

Dem Bedürfnis der Landwirte, mehrere Arbeitsgänge in einem auszuführen, sollte der ab 1972 gebaute Intrac entgegen kommen. Dieser Schlepper-Typ bot zwei Räume für den Geräteanbau: vorne und am Heck. Außerdem besaß der Intrac eine Fläche hinter der Kabine für die Aufnahme von Geräten oder einer Ladung. Durch den Schnellkuppler konnte der Fahrer die Geräte ankuppeln, ohne den Sitz zu verlassen. Die großzügig verglaste, vorne sitzende Fahrerkabine bot einen optimalen Blick auf die Anbaugeräte.

Als Grundlage für das erste Modell dieser Baureihe, den Intrac 2002, diente der Standardschlepper D 5006. Der ab 1974 produzierte Intrac 2005 war jedoch eine Neukonstruktion, für die eigene Komponenten entwickelt wurden. Obwohl der Intrac mit seinem serienmäßigen Allradantrieb, der komforta-

> Die 07-Baureihe trug mit dazu bei, dass KHD Anfang der 1980er-Jahre wieder zu den Spitzenreitern in den Zulassungsstatistiken für Traktoren gehörte.

blen Kabine und den anderen technischen Neuerungen zukunftsweisend war, blieb die Nachfrage unter den Landwirten zurückhaltend, was auch mit der allgemein einsetzenden Absatzkrise auf dem Landmaschinenmarkt zusammenhing. 1987 gründete KHD gemeinsam mit Daimler-Benz die „Trac-Technik-Entwicklungsgesellschaft“ (TTE), um die Weiterentwicklung dieser Technologie gemeinsam fortzuführen. Der Durchbruch blieb jedoch aus. Das letzte Exemplar dieser Reihe verließ 1990 das Werk.

DX- und 07-Baureihen

1978 machte sich KHD mit dem Start der neu entwickelten DX-Serie daran, die Initiative auf dem schnell wachsenden Traktorenmarkt zu übernehmen. In diesem Jahr wurden sieben neue Modelle vorgestellt, von dem 29 PS starken Plantagenschlepper DX 36V, der mit einem zweizylindrigen Motor vom Typ FL 912 ausgestattet war, bis zu dem Großtraktor DX 160, der sechs Zylinder und eine Leistung von 150 PS vorweisen konnte. Sämtliche Modelle dieser Baureihe konnten mit Allradantrieb erworben werden. Das vollsynchronisierte Getriebe und die verbesserte Kabine, die „MasterCab“, sorgten für eine komfortablere Arbeitsumgebung.

1980 wurde die Produktpalette der Deutz-Traktoren um die 07er-Serie erweitert. Bei dieser Baureihe handelte es sich um eine Weiterentwicklung der 06-Reihe. Einige dieser Modelle erhielten eine Komfortausstattung mit Seitenschaltung und schallisolierter Kabine.

Ab 1981 wurden die Traktoren aus dem Hause KHD unter dem Markennamen Deutz-Fahr vertrieben. Dass die Innovationsoffensive nicht umsonst war, zeigte sich ein Jahr später, als es die Deutz-Fahr-Traktoren auf den ersten Platz der Zulassungsliste in Deutschland schafften.

> Unter die Liste der meistverkauften Schleppertypen 2005 gelangte der Agrotron 128. Der Frontkraftheber besitzt eine Hubkraft von bis zu 4.000 kg.

Der Produktzyklus im Traktorenbau verkürzte sich zunehmend. Schon in den Jahren 1983 und 1984 wurden die Modelle durch die DX-3- und DX-4-Serien abgelöst. 1985 erwarb KHD zusätzliche Kapazitäten durch die Übernahme der Motorenwerke Mannheim (MWM). Ab 1989 erfolgte die Auslieferung der Modelle der neuen AgroStar-Reihe, die im Leistungsbereich von 65 bis 105 PS lagen und mit einer besonders leisen Kabine ausgestattet waren. Für schmalere Budgets gab es ab dem gleichen Jahr die AgroPrima-Baureihe.

AgroXtra

Die Konstrukteure von Deutz-Fahr ruhten sich nicht auf ihren Lorbeeren aus. Sie reagierten auf den Trend zur verstärkten Verwendung von Frontanbaugeräten mit der AgroXtra-Reihe. Diese ab 1991 produzierten Modelle besaßen eine abgeschrägte Motorhaube, die einen hervorragenden Blick auf den vorderen Anbauraum bot. Die AgroXtra-Modelle machten nicht nur die Intracs überflüssig, sondern ersetzten auch die älteren Modelle der DX-Reihe. Die Modelle DX3.50, DX3.60, DX3.65 und DX4.50 wurden zu den AgroXtra-Modellen 3.57, 4.07, 4.17 und 4.47A weiterentwickelt.

Die erste Hälfte der 1990er-Jahre war eine wirtschaftlich schwierige Zeit für KHD. Trotzdem konnte ein Jubiläum gefeiert werden. 1992 lief ein AgroXtra 4.57 als millionster hergestellter Traktor seit Produktionsbeginn im Jahr 1926 vom Band.

Agrotron

1995 war das entscheidendste Jahr in der Geschichte der Deutz-Traktoren. Um den Konzern zu sanieren, wurde der KHD-Agrartechnikbereich an die italie-

> Der Agrotron 6180 TTV gehört zur Serie 6, die 2013 vorgestellt wurde. Als Antrieb dient ein Sechszylinder-Motor von Deutz mit einer Maximalleistung von 176 PS.

nische Same-Gruppe verkauft. Die Traktorproduktion wurde anfangs unter schwierigen Bedingungen in Köln fortgesetzt. Doch nach einem Großbrand in den Werkshallen mit einem Schaden von ungefähr 100 Millionen D-Mark wurde die Produktion von Köln auf das ehemalige Werksgelände von Ködel und Böhm im bayerischen Lauingen verlegt.

In Lauingen erfolgte ein Neuanfang. In technischer Hinsicht wurde dies mit der Agrotron-Baureihe bewerkstelligt. Die Agrotron-Modelle sollten neue Maßstäbe in Sachen Benutzerfreundlichkeit, Hydraulikleistung und Kabinenkonzept setzen. Die Motoren wurden nach wie vor von KHD in Köln geliefert. Das Powershift-Lastschaltgetriebe war von Deutz-Fahr gemeinsam mit ZF Friedrichshafen entwickelt worden.

Mit dem Agrotron hielt die Hightech Einzug. 2001 wurden auf der Landwirtschaftsausstellung SIMA in Paris die ersten Agrotron TTV vorgestellt, die mit einem stufenlosen Getriebe und einem neuen Bedienkonzept ausgestattet waren. Mit einem Multifunktionshebel konnte der Fahrer die wichtigsten Funktionen des Traktors bedienen. Dazu gehörte die Steuerung des Heckhubwerks, das elektronische Handgas mit der integrierten Motordrehzahlspeicherung, der Comfortip für die automatische Ausführung von Bedienfolgen und andere Funktionen.

Obwohl Deutz-Fahr nun Teil der Same-Gruppe ist, bestehen noch Beziehungen zum früheren Kölner Mutterkonzern. Die Deutz AG, wie KHD seit 1997 heißt, liefert nach wie vor die Motoren für die Traktoren. Same-Deutz-Fahr erwarb bis zu 45 Prozent der Anteile an dem Kölner Motorhersteller, die jedoch ab 2012 zum größten Teil wieder verkauft wurden.

Die neuen Schlepper-Reihen aus Lauingen

Baureihe	Motor	Zylinder	Leistung
Serie 11 TTV	MTU 6R1100 / 1300	6	350 – 440 PS
Serie 9 TTV	Deutz TTCD 7.8 L06	6	274 – 336 PS
Serie 7 TTV	Deutz TCD 6.1 L06	6	205 – 238 PS
Serie 6	Deutz TCD 4.1 / 6.1	4/6	118 – 210 PS
Serie 5	Deutz TCD 3.6 L04	4	95 – 120 PS

Eicher

Als im Jahre 1900 Josef Eicher in dem östlich von München gelegenen Forstern ein kleines landwirtschaftliches Anwesen kaufte, wusste noch niemand,

> Der ED 16/II war ein Verkaufsschlager für Eicher. Dieses Exemplar mit 19 PS stammt aus dem Jahr 1956 und ist seitdem ohne Reparaturen im Einsatz.

> Dieser Eicher aus dem Jahr 1951 wird von einem wassergekühlten Deutz-Motor angetrieben und besitzt eine Leistung von 25 PS.

dass in diesem kleinen Dorf Weltgeschichte im Traktorenbau geschrieben werden sollte. Der handwerklich begabte Eicher betrieb neben der Landwirtschaft noch eine Reparaturwerkstatt für landwirtschaftliche Geräte und eine Fahrradhandlung, in der er aus England importierte Zweiräder verkaufte. Anfang der 1930er-Jahre übernahm er noch die Vertretung der Automobilmarken Opel und Mercedes und den Betrieb einer Tankstelle. Die Bewirtschaftung des landwirtschaftlichen Anwesens fiel nun seinen beiden Söhnen Josef und Albert zu.

Die beiden jungen Männer hatten nicht nur das Anwesen ihres Vaters übernommen, sondern auch dessen technische Begabung geerbt. Zudem machte sie die harte Feldarbeit erfinderisch. Sie benutzten einen alten Opel als Zug-

> Der Puma war der erste Schmalspurtraktor von Eicher. Dieses Exemplar wurde 1962 gebaut und wird von einem 28 PS starken Motor angetrieben.

maschine für einen selbstgebauten Wagen zum Grünfutter einfahren, und 1935 kamen sie auf die Idee, an das Kfz ein Mähwerk zu montieren. Von diesem Erfolg inspiriert, konstruierten sie einen Dreirad-Schlepper, der ebenfalls mit einem Mähwerk ausgestattet war und verschiedenen Geräten als Fuhrwerk dienen konnte. Es war die Zeit, in der die Motorisierung und Mechanisierung der Landwirtschaft an Fahrt gewann, und die Eicher-Söhne waren entschlossen, mit von der Partie zu sein.

Als eigentliches Gründungsjahr der Eicher-Traktorenwerke gilt das Jahr 1936. In diesem Jahr bauten die Gebrüder Eicher ihren ersten Vierrad-Traktor, den sie mit einem wassergekühlten, 20 PS starken Dieselmotor von Deutz ausstatteten (einem F 2 M 414). Diese Zugmaschine wurde schon nicht mehr mit der Absicht gebaut, sich die eigene Arbeit zu erleichtern, sondern die Nachfrage der anderen Landwirte zu befriedigen. Die kleine Werkstatt wurde durch eine Fabrikhalle ersetzt, und bald konnte der Traktor in Serie gefertigt werden. 1937 waren die Eicher-Brüder schon mit zwei Traktoren auf der DLG-Ausstellung in München vertreten und stießen damit auf großes Interesse bei den Landwirten, die nach einer Maschine zum Pflügen, Mähen und Ziehen suchten.

Die Weiterentwicklung des Eicher-Traktors ging zügig voran. 1938 verließ der erste Schlepper mit einem 22-PS-Motor die Werkshalle, ausgestattet mit einem Prometheus-Viergang-Triebwerk und in Blockbauweise gefertigt.

Die Zukunft sah zunächst für das Eicher-Unternehmen vielversprechend aus. Doch dann brach der Zweite Weltkrieg über Europa herein. 1941 wurde das Unternehmen als OHG mit dem Namen „Gebrüder Eicher Traktorenbau“

> Der Mammut II Allrad leistete in der ersten Ausführung 60 PS und war für Einsätze konzipiert, die eine Höchstleistung im schwierigen Gelände verlangten.

angemeldet. 1942 verließ der 1.000. Traktor das Werk. Das Verbot von Flüssigkraftstoffen für Traktoren zwang das Unternehmen zum Umstieg auf Holzgas-Traktoren mit einem Einheitsgenerator. Doch noch im gleichen Jahr erfolgte die zwangsweise Umstellung zum Rüstungsbetrieb. Von nun an mussten statt der landwirtschaftlichen Zugmaschinen Transportgestelle für BMW-Flugzeugmotoren gefertigt werden.

Nach dem Krieg gelang die Umstellung auf die Friedenswirtschaft mit dem Rückbau von Traktoren mit Holzgasbetrieb und der Instandsetzung von Schleppern aus der Region. In die ersten Nachkriegsmodelle baute man Motoren von Deutz ein. Doch das Ziel war ein eigener Motor in einem eigenen Fahrzeug. 1948 war es dann so weit: Der Typ ED 16/I mit einem 16-PS-Einzylinder-Motor kam auf den Markt. Mit diesem Modell hatte Eicher als erste Marke weltweit einen luftgekühlten Dieselmotor in seine Traktoren eingebaut. Die Nachfrage nach den Eicher-Traktoren war so groß, dass das Werk in Forstern kaum mit der Fertigung nachkam. Im ersten Jahr der Produktion wurden 251 Exemplare hergestellt, 1953 wurde schon die Marke von 10.000 überschritten. Die Motoren stammten nicht nur aus eigener Fertigung, sondern wurden auch von MWM, Hatz und vor allem von Deutz bezogen. Die Getriebe stammten von ZF, ZA und Hurth. 1953 stellte Eicher den ersten

Geräteträger vor, den Kombi G 16, der mit einem 15 PS starken Motor aus eigener Fertigung ausgerüstet war. Zwei Jahre später folgte mit dem ED 22/VII der erste Allradschlepper.

Nach der Entwicklung eines neuen Motors bei Eicher und eines neuen Getriebes bei ZF war die Zeit gekommen, auch die Produktpalette zu erneuern. 1959 wurde die Raubtierreihe eingeführt. Als erster ging der Tiger an den Start. Dieses Modell war mit einem Zweizylinder-Motor von Eicher ausgestattet, einem EDK 2, der einen Hubraum von 1.963 cm^3 besaß und eine Leistung von 25 PS erbrachte. 1961 wurde die Leistung auf 28 PS erhöht.

Dem Tiger folgte nur zwei Monate später der Panther. Bei diesem Modell fand der Zweizylinder-Motor EDK 2a Verwendung, der einen Hubraum von 1.700 cm^3 besaß und 19 PS leisten konnte. Ab 1961 brachte er es auf 22 PS.

Ein stärkeres Modell war der Königstiger, der ab Dezember 1959 verfügbar war. Sein Eicher-Motor vom Typ 3 mit 2.944 cm^3 war 35 PS stark. 1963 kam die Allradausführung des Königstigers mit 40 PS auf den Markt. Im gleichen Jahr wurde die Leistung des Königstigers mit Hinterradantrieb auf 38 PS und zwei Jahre später auf 40 PS erhöht. Als Allrounder für den kleinen Betrieb wurde im gleichen Monat der überarbeitete Panther vorgestellt, der mit einem 15 PS starken Eicher-Motor EKD 1 versehen war. Mittlerweile wurde im Traktorbau die wachsende Bedeutung des Fahrkomforts angesichts der langen Arbeitszeiten auf dem Traktor erkannt. Bei den Modellen der Raubtier-Reihe wurde deshalb diesem Umstand mit einem komfortablen Sitz mit Gummifederung Rechnung getragen.

Mammute zählen normalerweise zwar nicht zu den Raubtieren, aber Eicher entschied sich trotzdem, 1960 die Raubtierreihe mit dem 45 PS starken Mammut nach oben zu erweitern. 1962 kam der Mammut II, der noch stärker war (55 PS) und einen neuen Vierzylinder-Dieselmotor von Eicher vom Typ EDK 4 unter der Motorhaube arbeiten hatte. Verschiedene Modelle der Raubtierreihe wurden im Laufe der Jahre auch in Allradausführung angeboten.

Der Zeit voraus war Eicher mit dem Agri-Robot, einem fahrerlos selbst fahrenden Pflug, der 1964 in ein paar Testversionen hergestellt wurde. Der Agri-Robot sollte helfen, das Problem des Arbeitskräftemangels in der Landwirtschaft zu mildern. Die Maschine funktionierte, indem sie sich einer vorgezogenen Ackerfurche entlangtastete und dabei selbstständig pflügte. Die Technik war jedoch noch nicht ausgereift genug und zu kostspielig, um auch wirklich Abnehmer zu finden.

Weitaus mehr Anklang fand Eicher mit der Weiterentwicklung seiner Standardtraktoren. Die 3000er Reihe, die hauptsächlich 1968 gestartet wurde, legte die Modelle aus der Raubtierreihe mit stärkeren Motoren und besseren Getrieben neu auf. Die 3000er behielten ihre Raubtiernamen als Verkaufsbezeichnungen, unterschieden sich aber von den früheren Modellen durch die technische Bezeichnung. Der 3007 kam als Königstiger I mit Hinterradantrieb

> Ein neues Design mit geraden Linien, einer geänderten Farbgebung und moderner wirkenden Formen zeichnete die Modelle der 3000er-Reihe aus. Hier ist ein Königstiger II mit der technischen Bezeichnung 3016 zu sehen.

auf den Markt. Der 3010 war das gleiche Modell mit Allradantrieb. Mit der überarbeiteten Baureihe wurden zwei neue Modelle mit in die Produktpalette aufgenommen: der Wotan I mit 80 PS und der Wotan II mit 95 PS. Beide gab es sowohl mit Hinterrad- als auch mit Allradantrieb. Unter der Motorhaube der Wotans arbeitete ein luftgekühlter Sechszylinder-Motor mit Direkteinspritzung.

Doch trotz der Beliebtheit der Eicher-Traktoren stand das Unternehmen aus Forstern vor ernsthaften Problemen. Nach dem großen Boom in der Mechanisierung der Landwirtschaft hatte die Stagnation eingesetzt. Fallende Verkaufspreise und steigende Kosten lösten bei den Betrieben einen Rationalisierungsdruck aus, der hohe Investitionen erforderte. Eicher fehlte dafür schlicht und einfach das Geld. Ein zweites Problem für Eicher bestand in der Ankündigung der Zahnradfabrik Friedrichshafen, die Lieferung von Getrieben für kleine und mittlere Schlepper einzustellen. Der Ausweg für Eicher konnte nur darin bestehen, einen starken Partner zu finden. Nach gescheiterten Verhandlungen mit Renault und KHD glaubte man, diesen in dem kanadischen Konzern Massey Ferguson gefunden zu haben. 1970 wurde die Eicher Traktoren und Landmaschinen GmbH gegründet, bei der Massey Fer-

> Dieser Königstiger I wurde zwischen 1968 und 1971 gebaut. Sein Dreizylinder-Motor leistete 45 PS.

guson einen Anteil von 30 Prozent hatte und 70 Prozent bei Josef und Albert Eicher verblieben. 1972 stiegen die Eicher-Brüder aus der Geschäftsleitung aus und wechselten in den Aufsichtsrat über. Um die Produktionskosten zu senken, wurde in Landau an der Isar ein neues Werk gebaut, während im Gegenzug die ursprüngliche Fertigungsstätte in Forstern und andere Standorte, die in besseren Jahren erworben worden waren, an BMW und Krauss-Maffei verkauft wurden. Die Getriebe wurden nun von Massey Ferguson geliefert, und zunehmend waren es Perkins-Motoren, von denen die Eicher-Traktoren angetrieben wurden.

Nach dem Anlaufen der Produktion in Landau konnte bei Eicher die Produktpflege mit der Einführung der 74-Baureihe fortgeführt werden. Die vier Modelle dieser Reihe waren mit Perkins-Motoren ausgestattet. Es handelte sich um den Tiger 74 mit 35 PS, den Königstiger 74 mit 45 PS und den Mammut 74 mit 55 PS. Neu war der Büffel 74, der mit 72 PS das stärkste Modell dieser Reihe war und in einer Hinterrad- und einer Allradversion geliefert werden konnte.

Mit dem Bau einer neuen Serie leistungsstarker Schlepper wurde 1977 begonnen. Der Traktor mit der Bezeichnung 3133 war das stärkste Modell, das Eicher bisher gebaut hatte. Es verfügte über ein ZF-Getriebe und den Eicher-Motor EDK 6-5 T und war nur mit Allradantrieb verfügbar. Die eckige Kabine war geräumig und kam wegen der Schall- und Schwingungsdämpfung den zunehmenden Anforderungen nach einem kräfteschonenden Arbeitsplatz nach. Ein weiteres Modell, das in diesem Jahr auf den Markt kam, war der 3105, der ebenfalls einen Eicher-Motor unter der Haube hatte und eine Leistung von 105 PS erbrachte. Beide Modelle wurden in roter Farbe und unter dem Markennamen Massey Ferguson auch nach Frankreich exportiert.

In Landau wurden noch weitere neue Modelle eingeführt, die äußerlich schon durch die eckige Kabine und die kantigere Motorhaube erkennbar sind. Die entscheidende Wende wurde jedoch auch in dem neuen Werk nicht geschafft. Da ständig neue Finanzspritzen nötig waren, schrumpfte der Anteil der Eicher-Brüder an der GmbH. Um die Kosten weiter zu senken, wollte Massey Ferguson weitere Teile aus eigener Produktion beim Bau der Eicher-Schlepper verwenden. Schließlich wurde sogar vorgeschlagen, einfach MF-Schlepper mit der Eicherfarbe und dem Eicherlogo zu versehen und als solche zu verkaufen. Doch da spielten die Eicher-Händler nicht mit. Schließlich war es so weit, dass Massey Ferguson beschloss, die Produktion in Landau zum 31. Januar 1982 stillzulegen.

Doch damit ist die Eicher-Geschichte noch nicht ganz zu Ende. Der indische Industrielle Vikram Lal, der in Indien Eicher-Traktoren in Lizenz herstellte, übernahm des Werk in Landau. Der neue Name lautete „Eicher Traktoren- und Landmaschinen GmbH". Doch auch ihm gelang es nicht, eine Wende herbei zu führen. 1984 musste er Konkurs anmelden. Dies rief einen anderen Personenkreis auf den Plan, der Eicher nicht sterben lassen wollte. 1985 schlossen sich 90 Eicher-Händler und eine unbekannte Schweizer Finanzgruppe zusammen und gründeten die Eicher GmbH, um die Produktion in Landau weiterzuführen. Doch wegen der knappen Finanzen war eine richtige Produktpflege nicht möglich. In der Folgezeit wurden noch mehrere Versuche unternommen, Teile von Eicher irgendwie zu retten, doch mit jedem Besitzerwechsel schrumpften der Umsatz und die Mitarbeiterzahl, bis schließlich von dem einstigen bedeutenden Traktorhersteller nichts mehr übrig blieb.

Fahr

Landmaschinenhersteller beginnt Traktorenbau

Ganz im Süden Deutschlands, zwischen Singen und dem schweizerischen Schaffhausen, liegt Gottmadingen. Dort hatte Johann Georg Fahr 1870 eine mechanische Werkstatt gegründet, die sich ab 1911 auf die Herstellung von Erntemaschinen spezialisierte. Eine Zeitlang nach dem Krieg hatte man sogar mit Krupp zusammengearbeitet und die Kooperation mit den Großen wurde damit schon fast zur Tradition. 1938, in der Zeit, als die Nationalsozialisten die Motorisierung der Landwirtschaft forcierten, war auch Fahr auf den Zug aufgesprungen und stellte den ersten eigenen Schlepper vor, den F 22, einen

> Der Fahr D 17 war ein um zwei PS gesteigerter Nachfolger des erfolgreichen D 15. Er wurde zwischen 1951 und 1953 gebaut. Sein Güldner-Motor deutet schon auf die später engere Zusammenarbeit mit den Franken hin.

wassergekühlten Zweizylinder-Schlepper mit 22 PS. Doch auch Fahr war im Krieg dazu gezwungen, die Produktion auf Holzgasschlepper umzustellen. Das geschah sehr erfolgreich. Der HG 25 wurde ab 1941 gebaut, doch daneben musste ein Großteil der Kapazitäten an die Fertigung kriegswichtiger Güter (Panzermotoren und Munition) abgegeben werden. Spätestens ab 1948 begann man in Gottmadingen mit dem Rückbau alter Holzgasschlepper. 1949 startete das Nachkriegsbauprogramm mit dem D 28, der im Vergleich zu vielen anderen Anbietern mit 28 PS schon in der gehobeneren Leistungsklasse fuhr. Fahr war von den Motoren anderer abhängig. Meist verwendete man Aggregate von Deutz und Güldner, die beide im Laufe der Firmengeschichte noch eine wichtige Rolle spielen sollten.

1950 erkannte Fahr, dass Kleinschlepper auf dem Markt hervorragend ankommen. Mit dem D 15, einem wassergekühlten 15-PS-Traktor mit Zweizylinder-Güldnermotor, kam einer der Bestseller der Gottmadinger auf den Markt. Über 5.600-mal wurde dieser Typ verkauft. In verwirrender Vielfalt

> Fahr existiert als eigenständiges Unternehmen nicht mehr. Von den Fans werden die roten Schlepper aber noch liebevoll hergerichtet und in Schuss gehalten.

wurden nun in den nächsten vier, fünf Jahren Modelle zwischen zwölf und 32 PS nachgeschoben, die alle die charakteristische runde Motorhaube mit dem sechsfach aufgeteilten Kühlergrill trugen. Alle hatten sie die leuchtende rote Lackierung.

„Europa"-Reihe mit Güldner

Diese Zersplitterung des Portfolios verursachte natürlich hohe Kosten, deshalb schaute sich Fahr nach einem Partner für die Schlepperproduktion um und fand ihn 1956 in dem schon lange als Motorlieferant kooperierenden Güldner. Güldner hatte auch gleich nach dem Krieg Traktoren bei Fahr fertigen lassen, weil die eigenen Produktionsanlagen in Aschaffenburg weitgehend zerstört waren. Das Ergebnis dieser neuen Kooperation war die „Europa"-Reihe ab 1959, zu der bei Fahr die Modelle D 88, D 131, D 133 und D 177 in den Klassen zwischen 15 und 34 PS gehörten. Lediglich die Motorhauben und die Lackierung unterschieden sich. Beide Firmen vermarkteten die technisch gleichen Fahrzeuge jedoch weiterhin eigenständig. Diese Typenbeschränkung tat Fahr gut und die Reihe kam hervorragend an, wenn es auch das eine oder andere Problem gab. Mehr zu dieser Reihe im Kapitel Güldner ab Seite 90.

Ende und Aufstieg

Für Fahr war die Schlepper-Herstellung immer nur ein zweites Standbein neben der erfolgreichen Produktion anderer Landmaschinen und Anbaugeräte. So hat man in Deutschland den ersten serienmäßig gebauten Feldhäcksler (1951) und fast gleichzeitig den ersten deutschen Selbstfahr-Mähdrescher aufzuweisen. Dementsprechend war es auch kein tiefer Einschnitt, als eine der Forderungen eines Einstiegs der Klöckner-Humboldt-Deutz AG war, den Schlepperbau aufzugeben und sich wieder voll den Erntemaschinen zu widmen. Nach über 100.000 produzierten Schleppern wurde 1962 dieser Geschäftszweig geschlossen. KHD stieg immer weiter in das Unternehmen ein und übernahm 1968 die Aktienmehrheit. Für die Mitarbeiter kam das Aus im Traktorenbau übrigens nicht so schlimm, denn man baute noch eine Zeitlang Deutz-Traktoren und schon ein Jahr später war der höchste Personalbestand des Unternehmens zu verzeichnen. Das Aus kam 2006, als Kverneland den damaligen Eigner Greenland übernahm und den Standort Gottmadingen schloss.

Der heutige Standort von Deutz-Fahr ist Lauingen, wo bis 1970 die traditionsreiche Landmaschinen-Fabrik Ködel und Böhm aufgekauft worden war und nun die Mähdrescher produziert wurden. Heute laufen dort Traktoren der Marken Deutz-Fahr, Hürlimann, Lamborghini und Same vom Band, die alle früher ganz woanders produziert wurden.

Fendt

Geburt des Dieselrosses

Als 1928 der gerade mal 17 Jahre alte Marktoberdorfer Hermann Fendt seinen ersten Grasmäher baute, indem er einen 4-PS-Benzinmotor auf seinen Rahmen setzte, begann die Erfolgsgeschichte eines Unternehmens, das heute weit über das Allgäu hinaus in aller Welt bekannt ist und einen Preis nach dem anderen bekommt. Die Anfänge des Schlepperbaus bei Fendt fielen in eine Zeit, die von wirtschaftlichen Problemen des Bauernstandes geprägt war. Die „goldenen" 1920er-Jahre sahen auf dem Land nicht so toll aus. Ein Jahr nach Fendts Konstruktion brachen an der Börse in der New Yorker Wall Street die Kurse ein. Der Schwarze Freitag löste eine lange Wirtschaftsflaute aus, die auch die deutschsprachigen Staaten voll erfasste. Mitten in dieser Krisenzeit, die auch ihre Heimatgemeinde Marktoberdorf nicht ungeschoren ließ, bauten Vater und Sohn Fendt das erste der legendären Dieselrösser. Der Brauereibesitzer und Großbauer im Ort, Franz Sailer, kaufte das zweite Dieselross und

> Dieses Fendt Dieselross F 15 mit Verdampfungskühlung trägt die Werksnummer 7007. Es stammt von 1939 und wurde nach einer Brandkatastrophe vom Besitzer liebevoll restauriert.

machte seitdem seinen Einfluss geltend, wenn es darum ging, die junge Produktionsfirma zu fördern.

Im Jahr 1936 schnellten bei Fendt die Produktionszahlen nach oben. Hatte man im Vorjahr noch 30 Fahrzeuge gebaut, rollten nun schon 233 Dieselrösser aus der Fertigungshalle, 1940 produzierte das Unternehmen sogar fast tausend Schlepper. Dieser Erfolg hatte seine Gründe. Die Schlepper waren robust und zuverlässig und immerhin war es ein Fendt-Traktor, der zum ersten Mal mit einer fahrunabhängigen, unter Last schaltbaren Zapfwelle ausgerüstet war. Zur Erfolgsgeschichte gehörte vor allem auch ein hervorragend organisierter Vertrieb, zumindest in Bayern. 1935 hatte man mit der BayWa, dem Handelsunternehmen der bayerischen Genossenschaften, eine Vertriebspartnerschaft geschlossen. Außerdem baute die BayWa ein Netz von Werkstätten auf, in denen von Fendt geschultes Personal den Kundendienst für die Dieselrösser übernahm.

Die Modelle F 18 und F 22 beherrschten die Produktpalette des Unternehmens vor dem Krieg. Hermann Fendts Brüder Paul und Xaver traten, jeder mit spezifischem Know-how ausgestattet, in die Firma ein.

Vom Krieg zum Wirtschaftswunder

Der Vierjahresplan war eine Maßnahme, die dazu diente, die deutsche Wirtschaft auf einen Krieg vorzubereiten. Teil dieser Strategie war der Schell-Plan,

> Das Dieselross F 17 war der Nachfolger des legendären F 15 von Fendt. Der Kunde konnte ihn mit wasser- oder luftgekühltem Motor haben.

der auch die Vielfalt der Schlepperproduktion im Lande einschränken wollte. Offenbar klappte die Umsetzung dieses Papiers nicht ganz, denn Fendt produzierte munter weiter seine bisherigen Modelle. Im Juni 1942 wurden Produktion und Einsatz von Traktoren mit Flüssigtreibstoff untersagt. Angesichts der Rohstoffknappheit, die auch bereits an der Front zu starken Problemen geführt hatte, musste jeder Tropfen gespart werden. Schlepper mit Einheits-Holzgasgeneratoren wurden gebaut. Fendt schuf mit dem G25 einen sehr interessanten Vertreter dieser Gattung, von denen es heute allerdings kaum noch ein Exemplar gibt, denn die meisten wurden nach den Kriegswirren mit einem Dieselmotor versehen und weiter eingesetzt.

Im April 1945 erreichte die US-Armee Marktoberdorf und ergriff sofort das Kommando. Im Zuge der Entnazifizierung durften die Betriebsinhaber und -leiter das Werk zunächst nicht mehr betreten. Erst 1948 erfolgte die Rehabilitierung. In der Zwischenzeit hielten Vertrauensleute der Familie die Firma am Laufen. Man baute Holzgasschlepper um und setzte die Produktion von Modellen aus der Zeit vor 1942 fort.

1949 begann der endgültige Wiederaufstieg mit dem ersten völlig neu konstruierten Bauern-Kleinschlepper F15. Als man 1950 das 10.000 Dieselross feiern konnte, war klar, dass Fendt beim Traktorboom der Wirtschaftswunderzeit ein gewichtiges Wort mitzusprechen hatte. Innerhalb von vier Jahren hatte man die Mitarbeiterzahl von 101, die 258 Traktoren produzierten, auf 570 bei 5.860 fertig gestellten Fahrzeugen gesteigert. Und das war erst der Anfang dieser Entwicklung.

1951 wurde die Produktpalette erweitert und mit der Vorstellung des Mittelschleppers F20, der Universalschlepper F25 und F28 und dem Großschlep-

> Da die Umstellung von Farmer 1 auf die verbesserten Farmer 2 sehr bald erfolgte, sind die Farmer 1 heutzutage eher selten. Die Motorhaube aus Designerhand erinnert sehr stark an die Pkw der Endfünfziger.

per F40 für jede Hofgröße ein geeignetes Modell angeboten. Hinzu kam ein kleines Zwölf-PS-Modell. Mitte der 1950er-Jahre begann man mit der Fertigung von Geräteträgern, die bei anderen Herstellern wie Lanz und Eicher zunächst erfolgreich anliefen, aufgrund von Mängeln in Konstruktion oder Motorleistung dann als Fehlschlag endeten. Fendt landete mit dem berühmt gewordenen Einmann-System einen Treffer, der bis in die 1990er-Jahre ein wichtiges Standbein des Unternehmenserfolges blieb. Noch heute sieht man eine große Zahl von GTs der Firma Fendt im Einsatz. Auch der Export lief an und steigerte sich im Lauf der Jahre immer mehr. Allerdings wurde nie eine so hohe Exportquote erzielt, wie sie John Deere aufweisen konnte.

Fix, Farmer und Favorit

Im Jahr 1956 schien der Markt nach dem großen Schlepperboom gesättigt zu sein. Viele der Hersteller bekamen Probleme. Das prominenteste Opfer dieser Entwicklung war der Platzhirsch auf dem deutschen Markt: Heinrich Lanz hatte die Entwicklung verschlafen und wurde vom US-Konzern John Deere übernommen. Fendt reagierte zunächst mit dem Bau überarbeiteter Dieselrösser, doch 1958 wurde die Konkurrenz an die Wand gespielt: Man hatte die

> Der Favorit 622 LS von 1980 mit dem Spitznamen „Nasenbär" war seiner Zeit voraus. Er war auch der erste Fendt mit mehr als 200 PS.

Bedürfnisse des Marktes genau sondiert, und dank einer findigen Produktionsökonomie und cleverer Marketingstrategie entwickelte man die „ff"-Reihe, die den Umsatz im Haus innerhalb von knapp fünf Jahren fast verdoppelte.

Dieses neue Programm bestand aus drei Vertretern, die die fast unübersichtliche Vielzahl der Typen ersetzte: der Kleinschlepper Fix, der mittelgroße Farmer und der Großschlepper Favorit. Gleichzeitig erschienen als wirksames Medium der Kundenbindung die „Fendt-Nachrichten", eine gelungene Mischung aus Werbung, Information und Unterhaltung.

Der Motor lief wie beim kurz vorher eingeführten Favorit im neuen Gleichdruck-Verbrennungsverfahren mit patentiertem Vorkammersystem. In dieser Vorkammer mit einem Spezialbrenner wurde eine weiche und rauchlose Gleichdruckverbrennung erreicht. Das wirkte sich positiv auf Laufruhe und Verbrauch aus. Ebenso neu war die Tornado-Kupplung, die über ein Kühlsystem verfügte, das einen starken Verschleiß verhinderte. Mit ihr war stufenloses Anfahren und Anhalten unter Last möglich.

Die zusätzliche Ausrüstung, die schon bei den Dieselrössern lobenswert war, ist selbstverständlich im Angebot geblieben, so zum Beispiel die Dreipunkt-Hydraulik, die Getriebezapfwelle, die auch als Wegzapfwelle umschaltbar war. Das Mähwerk konnte mit mechanischem oder hydraulischem Mähaufzug geliefert werden.

Zusammen mit der neuen Ausrichtung hatten die Allgäuer auch gleich einen Slogan entwickelt: „Wer Fendt fährt – führt!"

> Die Fendt 200 Kompakttraktoren sind leicht und wendig und eignen sich deshalb vor allem für Pflege- und Grünlandarbeiten. Sie sind im Bereich von 70 bis 110 PS zu haben.

Auf dem Weg zur Marktführerschaft

Von der Regelhydraulik über das Halbsynchrongetriebe bis hin zu Verbesserungen in puncto Komfort, Fahrsicherheit und Elektrik entwickelte Fendt von Jahr zu Jahr bessere und ausgefeiltere Modelle. 1966 wurde das Design einem neuen Zeitgeist angepasst. Die Fendt-Traktoren präsentierten sich mit einer eckigen, kantigen Motorhaube und folgten damit einem Trend, den Hanomag vorgegeben hatte und der auch in der Pkw-Industrie zu beobachten war. Jetzt begann die Produktion für andere Bereiche: Fahrzeuge für den kommunalen Einsatz, Schmalspurschlepper für die Arbeit in Plantagen und im Weinbau, Baufahrzeuge, Wohnmobile und Wohnwagen und Gabelstapler wurden hergestellt.

1977 erreichte Fendt mit 17.511 gebauten Fahrzeugen einen historischen Produktionsrekord. Doch auch die neue Favorit-600-LS-Reihe, die im folgenden Jahr eingeführt wurde, konnte die sich abzeichnende Krise nicht aufhalten. Innerhalb von drei Jahren sank die Produktion wieder auf knapp über 10.000 Fahrzeuge.

In den 1980er-Jahren stellte man die Reihen Farmer 300 und 200 vor, ebenso den 380 GTA als Freisicht-Traktor ohne Motorhaube, was durch den Einsatz eines Unterflurmotors möglich wurde. 1985 standen die Allgäuer zum ersten Mal in ihrer Geschichte auf dem ersten Platz der Zulassungsstatistik. Fendt war Marktführer geworden und gab diese Position praktisch nicht mehr ab. Die Entwicklung ging hin zu technisch innovativen Hochleistungstrakto-

> Mit dem Favorit 926 stieg Fendt 1996 in die serienmäßige Produktion von Vario-Getrieben ein. Dieses Modell erbrachte eine Leistung von 260 PS und wurde in dieser Version bis 2000 gebaut.

ren, die mit den ersten Dieselrössern so gut wie nichts mehr gemeinsam haben. Gummigefederte Fahrerkabine mit Klimaanlage, stufenloses Vario-Getriebe, intelligente Achssysteme, Computereinsatz und Energiespartechnik prägen die Modelle der neueren und neuesten Generation.

Xylon

1994 stellte Fendt ein Systemfahrzeug mit dem Namen Xylon vor, das außer für landwirtschaftliche Aufgaben für den Einsatz bei Kommunen, Landschaftspflege, im Bau, in der Forstwirtschaft und in Industrieunternehmen konzipiert war. Der Xylon besaß vier Anbauräume für Geräte und Maschinen. Der Heckaufbauraum hinter der Fahrerkabine konnte für eine Ladepritsche, eine Seilwinde oder ein Aufbaufass genutzt werden. Insgesamt konnten die Xylons eine Nutzlast von bis zu sechs Tonnen aufnehmen. Die Fahrerkabine war so konstruiert, dass sie zwei Personen Platz bot und ein hervorragender Ausblick auf die Anbaugeräte gewährleistet war. Beim Motor handelte es sich um einen schadstoffarmen Vierzylinder-Motor von MAN.

Die Systemfahrzeuge waren in den 1990er-Jahren sehr gefragt. Doch dann ereilte sie das gleiche Schicksal wie die Geräteträger. Wegen der rückläufigen Nachfrage und den erwarteten hohen Entwicklungskosten wurde ihre Produktion 2004 eingestellt.

Die Vario-Reihe

1995 stellte Fendt auf der Agritechnica in Hannover dem staunenden Publikum den neuen Favorit 926 Vario vor. Mit seinen 260 PS war er der stärkste

Traktor, den Fendt bisher gebaut hatte. Aber was ebenfalls für Aufsehen sorgte, war das neue stufenlose Vario-Getriebe, das Fendt nach achtjähriger Entwicklungszeit nun serienmäßig in seine größeren Traktoren einbaute. Das Schalten mit dem Ganghebel war vorbei. Dem Fahrer stand ein bequem positionierter Bedienungshebel zur Verfügung, mit dem er die Geschwindigkeit und die Fahrtrichtung steuern konnte. Mit dem Hebel konnte auch der Tempomat eingeschaltet werden. Diese Automatik sorgte für eine konstante vorgewählte Geschwindigkeit.

Im folgenden Jahr wurden drei neue Modelle der leistungsstarken Favorit-900er-Reihe vorgestellt. Die Zielgruppe waren Großbetriebe und Lohnunternehmer, die große Flächen zu bewirtschaften hatten und bei denen sich die Betriebsstunden schnell summierten. Für einen gehobenen Fahrkomfort sorgte das integrierte Federungssystem, das aus Vorderachsenfederung, Kabinenfederung und Schwingungstilgung bestand. Das untere Ende der 900er-Reihe bildete der Favorit 916 Vario, der es mit seinem Sechs-Zylinder-Motor mit Turbolader und Ladeluftkühlung auf immerhin noch 170 PS brachte.

Unter dem Dach des amerikanischen AGCO-Konzerns

Die Konzentrierung der Industrie seit den 1990er-Jahren erfasste auch die Firma Fendt. Aus der Einsicht heraus, nur mit einem großen Partner in Zukunft wettbewerbsfähig sein zu können, wurden 1997 sämtliche Anteile des Marktoberdorfer Unternehmens an den US-Landmaschinenkonzern AGCO verkauft, der erst 1990 gegründet worden war.

Auch äußerlich sollte sich bei Fendt etwas tun. Anlässlich des Feldtages mit der Saaten-Union auf dem Hofgut Wadenbrunn des Grafen Schönborn bei Würzburg wurde die Favorit-700-Baureihe vorgestellt. Die neuen Modelle waren mit einer Motorhaube versehen, die in Zusammenarbeit mit Porsche entwickelt worden war. Das neue Styling vermittelte einen Eindruck von Schnelligkeit und Modernität und bot zudem einen besseren Blick auf das Frontanbaugerät.

In der Fahrerkabine hatte es ebenfalls Änderungen gegeben. Die Bedienelemente waren in der so genannten „Variotronic“ zusammengefasst. Der Vario-Hebel glich nun einem Joystick und wurde auch so genannt. Außerdem gab es das Varioterminal, ein Monitor mit Tasten und Reglern, über das Einstellungen vorgenommen und Informationen abgerufen werden konnten.

Fendts große Vario-Modelle

Auf der Agritechnica 2005 in Hannover stellte Fendt sein neues Flaggschiff vor. Es war der Fendt 936 Vario, der eine Maximalleistung von 360 PS und eine Höchstgeschwindigkeit von 60 km/h erzielt. Unter der Motorhaube arbeitet ein Vier-Ventil-Deutz-Motor, der mit einem Common-Rail-Einspritzsystem ausgestattet ist, die neuesten Abgaswerte einhält und RME-tauglich ist. Ab

> Mit der Baureihe 1000 Vario brachte Fendt die stärksten Standardtraktoren der Welt auf den Markt.

2015 ging die Baureihe Fendt 1000 Vario an den Start. Sie war die neue Oberklasse der Marktoberdorfer. Das stärkste von vier Modellen ist der Fendt 1050 Vario mit beeindruckenden 500 PS. Der Fendt 1050 Vario ist ein Fahrzeug der Spitzentechnologie, das Hightech, Leistungsstärke und Fahrkomfort in sich vereint. Ein anderer Bereich, der Fendt dank den Konzernpartnern offen steht, ist der Bau von Mähdreschern, Ballenpressen und anderen Landmaschinen, die in Mitteleuropa unter der zugkräftigen Allgäuer Marke verkauft werden.

Fiat

1899 trafen sich in Turin acht Personen, um ein Unternehmen zur Herstellung von Automobilen zu gründen. Der Name der Firma war „Fabbrica Italiana Automobili Torino", abgekürzt „FIAT". Eine besondere Rolle unter den Gründungsmitgliedern spielte Giovanni Agnelli, der auch bald die Leitung übernahm. Schon wenige Jahre nach der Gründung expandierte Fiat in Bereiche außerhalb des Automobilbaus. Dazu gehörten Stahlindustrie, Eisenbahnen, öffentlicher Verkehr und Elektrizität. Mithilfe der Regierung sollten die ersten italienischen Traktoren in den Fiat-Werken produziert werden. Der Erste Weltkrieg kam dazwischen und verzögerte die Entwicklung. Doch 1919 war es dann soweit. Mit einem 30 PS starken Vier-Zylinder-Lastwagenmotor ausgestattet, begann der Fiat 702 vom Band zu laufen. 1924 kam mit dem 702 B eine

> Die Modelle der 88er-Baureihe von Fiat trugen den 1984 eingeführten Namen Fiatragri. Das Exemplar in diesem Bild ist ein 80-88 DT mit 80 PS und vier Zylindern, der ab 1989 gebaut wurde.

verbesserte und stärkere Version auf den Markt. Der Erfolg blieb nicht aus. Bald wurde der 702 in andere europäische Länder sowie nach Nord- und Südamerika exportiert. In den 1930er-Jahren kaufte Fiat mehrere andere italienische Traktorhersteller auf und erweiterte sein Programm mit neuen Typen.

Der Zweite Weltkrieg brachte eine erneute Zäsur im Traktorenbau, und nach dem Krieg gingen die Produktionszahlen nur sehr langsam nach oben. Für die meisten italienischen Landwirte waren die bisherigen Traktoren aus Turin zu groß und zu teuer. Dies sollte sich mit dem Fiat 18 ändern. „La Piccola", wie der Schlepper auch genannt wurde, erbrachte nach Herstellerangaben eine Leistung von 14 PS auf der Straße und 16 PS an der Riemenscheibe. Das Entscheidende war, dass ihn sich viele kleine und mittlere Landwirte leisten konnten, was die Produktionszahlen in die Höhe schnellen ließ.

Fiat blieb nicht nur bei den kleinen Traktoren, sondern entwickelte auch die großen weiter. Der erste Allradschlepper erschien Mitte der 1950er-Jahre. In den 1980er-Jahren hatte sich Fiat zum größten Traktorenhersteller Europas und zum fünftgrößten weltweit entwickelt. Der Anteil am heimischen Markt von Fiatagri, wie die Landmaschinensparte von Fiat seit 1984 hieß, betrug ungefähr 45 Prozent. Einen ersten Stützpunkt in Nordamerika hatten sich die Turiner 1977 mit dem Erwerb des Herstellers landwirtschaftlicher Geräte Hesston geschaffen. Die letzten großen Schritte waren die Übernahme von Ford New Holland und die Vereinigung mit Case IH zu Case New Holland. Damit verschwindet der Markenname Fiat aus der Traktorengeschichte.

> Der Fordson F von 1917 erreichte innerhalb kürzester Zeit in den USA einen Marktanteil von 75 Prozent. Er wurde weltweit verkauft.

Ford

Model F

Henry Ford ist vor allem als Pionier im Automobilbau bekannt. Er perfektionierte die Fließbandfertigung und ermöglichte dadurch den Bau preisgünstiger Autos. Sein Model T hat einen festen Platz in der Geschichte der Motorisierung Amerikas. Aber Henry Fords Interessen beschränkten sich nicht auf den Autobau. Er war auf einer Farm in der Nähe von Detroit im Bundesstaat Michigan aufgewachsen, und sein Traum war es, einen Traktor zu bauen, den sich auch kleinere Farmer leisten konnten. Seinen ersten Prototyp baute er 1907, und es dauerte noch zehn Jahre, bis er endlich sein Ziel erreicht hatte. 1917 wurde der Model F zum ersten Mal zum Kauf angeboten – für 750 Dollar. Dank der Massenproduktion schaffte es Ford bald, den Preis auf 285 Dollar zu senken. Der Model F war ein Renner. Alleine die britische Regierung bestellte 1917 6.000 Stück, und viele Exemplare wurden nach der Revolution in die Sowjetunion geliefert. In elf Jahren wurden fast 750.000 Stück produziert.

Fordson

Leider konnte Ford seine Traktoren nicht nach sich selbst benennen, da es bereits eine Ford Tractor Company in Minneapolis gab, und die Anteilseigner seiner Ford Motor Company einer Traktorenproduktion nicht zustimmten. Die Lösung war die Gründung eines Unternehmens mit dem Namen Ford & Son Inc., kurz „Fordson".

Trotz des Erfolges zog sich Ford 1928 aus dem Traktorenbau zurück. Der Grund dafür war, dass er sich auf das Nachfolgemodell seines Model T konzentrieren und alle Produktionskapazitäten dafür bereitstellen wollte. Doch der Fordson lebte weiter. Er wurde zuerst im irischen Cork gebaut, später wurde die Produktion nach Dagenham in England verlagert. Während des Zweiten Weltkriegs wurden ungefähr 90 Prozent der Traktoren in Großbritannien von Fordson geliefert — eine wahrlich marktbeherrschende Stellung.

Trotz aller Erfolge der Fordson-Traktoren auf den britischen Inseln brach der Absatz in den USA ein. Grund dafür waren zum einen die langen Transportwege, zum anderen hatten die Konkurrenten nicht geschlafen. John Deere, IHC und Allis-Chalmers machten Fordson den Platz auf dem Traktorenmarkt für kleinere und mittlere Betriebe streitig. Henry Ford konnte dies nicht auf sich sitzen lassen. 1938 zog es ihn wieder zum Schlepperbau, diesmal für die Ford Motor Company. Nach einem Treffen mit Harry Ferguson, dem Erfinder der Dreipunktkupplung, entschlossen sich die beiden Männer zur Zusammenarbeit. Ein Jahr später erblickte der Ford 9N das Licht der Welt. Der 23 PS starke Allzwecktraktor war ein durchschlagender Erfolg. Alleine in den ersten sechs Monaten wurden ungefähr 10.000 Stück verkauft. Während des Krieges wurde die Produktion des 9N durch die Rohstoffknappheit erschwert. Als Notlösung brachte Ford den 2N auf den Markt, der aus leichter verfügbaren Materialien gebaut war. Nach dem Krieg ging es mit der Traktorproduktion wieder aufwärts. Der 30 PS starke 8N, der eine Weiterentwicklung des 9N war, erwies sich als Bestseller.

> Die Farben der Ford-Traktoren waren seit den 1960er-Jahre Blau und Weiß, wie bei diesem Ford 2000 aus der 2000er-Reihe, der in Antwerpen gebaut wurde.

Henry Ford starb im April 1947, und mit ihm erlosch auch das Abkommen mit Harry Ferguson, das nur durch Handschlag besiegelt worden war – ein „Agreement unter Gentlemen“. Die Folgen der fehlenden schriftlichen Vereinbarungen waren jahrelange kostspielige Patentstreitigkeiten.

Henry Fords Philosophie war es gewesen, einen Traktor für den Durchschnittsfarmer zu bauen. Doch mit der fortgeschrittenen Mechanisierung änderten sich auch die Ansprüche der Landwirtschaft. Die Strategie, ein Modell zu bauen, das für alle passt, war nicht mehr haltbar. In den 1950er-Jahren kam es gleich zu mehreren neuen Baureihen: die 600er-Serie und die stärkere 800er-Serie, und für Reihenfruchtarbeiten die 700er- und 900er-Serien.

Die Fordson-Leute in England konnten mittlerweile ebenfalls Erfolge mit ihren Modellen vorweisen, dem Major, New Major und dem Power Major. Doch 1961 war die Zeit gekommen, das wieder zu vereinigen, was zusammengehörte. Fordson in Dagenham und Ford in Dearborn, Michigan, kamen wieder organisatorisch unter ein Dach. Die Traktoren wurden nur noch unter dem Namen Ford vertrieben.

Güldner

Bevor der erste Traktor rollt

> Der patriarchalische Gestus des Hugo Güldner (1866–1926) lässt beinahe die große Leistung des Ingenieurs und Wissenschaftlers vergessen.

Hugo Güldner war ein bedeutender Mann. Aus einfachen Verhältnissen stammend, hatte sich der Westfale schon früh als Talent in den Ingenieurswissenschaften gezeigt, und so wurde seine Ausbildung konsequent in diese Richtung geführt. Besonders die Verbrennungsmotoren taten es ihm an. Sein Ritterschlag als Ingenieur war die Arbeit als Chefkonstrukteur unter Rudolf Diesel in der Maschinenfabrik Augsburg. Die Bilanz seines Wissens legte er, gerade mal 37 Jahre alt, in einem dicken, reich bebilderten Handbuch nieder, das er immer wieder neu überarbeitete und unter dem Titel „Das Entwerfen und Berechnen der Verbrennungskraftmaschinen und Kraftgas-Anlagen – Handbuch für Konstrukteure und Erbauer von Gas- und Ölkraftmaschinen“ herausgab.

1904 dann wagte er in München den Schritt zum Unternehmer. Mit dem berühmten und über 20 Jahre älteren Pionier der Kältetechnik Linde und Georg von Krauss – heute als Teil des Rüstungskonzerns Krauss-Maffei bekannt, damals großer Hersteller von Lokomotiven – gründete er seine Güldner Motoren Gesellschaft. Linde war einst Lehrer von Diesel gewesen und hatte geschäftliche Kontakte zur Maschinenfabrik Augsburg, aus der ja später die

> Dieser 16-PS-Güldner aus dem Jahre 1951 ist noch nicht vollständig restauriert. Der Besitzer geht mit großer Sorgfalt vor.

MAN hervorging. Die Beziehungsdrähte wurden gezogen und eine der erfolgreichsten deutschen Motorenfabriken war entstanden. 1907 zog Güldner nach Aschaffenburg um und orientierte sich damit weiter in die Mitte des Reiches, um die Absatzwege zu verkürzen. Seiner Wahlheimat Bayern blieb er aber treu.

Zunächst wurden große Standmotoren hergestellt, ehe der Erste Weltkrieg eine Umstellung auf Fahrzeuge und Munition erforderte. Güldner war damit erstmals mit der Produktion von Motorkraftwagen befasst. Nach dem Krieg baute man das Angebot aus in Richtung kleinerer Motoren und auch in die Landwirtschaft hinein mit dem Erwerb der Moorkultur Kraftpflug GmbH. Doch lange bevor der erste richtige Schlepper aus dem Hause Güldner entstand, starb der nicht einmal 60-jährige Ingenieur. Linde, dessen Hauptfirma im Laufe der Jahre immer stärker bei Güldner eingestiegen war, übernahm Ende der 1920er-Jahre die Güldner Motoren Gesellschaft komplett. Die Motoren und die ab 1938 gebauten eigenen Schlepper behielten den Namen Güldner.

Einstieg in den Schlepperbau

Der Einstieg in den Traktorenbau erfolgte nur konsequent. Bereits Deutz und MAN hatten als die beiden großen Motorenbauer eigene Schlepperprogramme entwickelt. Güldner-Motoren waren schon in andere Schlepper eingebaut worden, so etwa bei der Deuliewag. Der erste vorgestellte Schlepper war der

> Die Schlepper mit dem Haifischmaul waren die besonders beliebten ADN 8K und ihre Markengefährten. Güldner verbaute fast immer Motoren aus dem eigenen Haus.

A20, der den wassergekühlten 20-PS-Güldner-Motor 1 F hatte. Dieser war mit einem Getriebe von ZP oder von Prometheus verblockt, beides in dieser Zeit bei den anderen Herstellern geläufige Varianten. Der Schlepper war mit Zapfwelle und auf Wunsch auch mit Riemenscheibe und Mähwerk ausgestattet. Die Riemenscheibe wurde allerdings durch das Gesetz vom 11. November 1939 weitgehend überflüssig, da der Gebrauch von Schleppern als stationäre Motoren seitdem verboten war. Noch im Krieg legte man ein 30-PS-Modell nach und baute dann auch Holzgasschlepper mit eigenen Motoren. Immer stärker jedoch wurde das Unternehmen in die bald alles überwuchernde Rüstungsproduktion hineingezogen.

Die Haifischmäuler

Luftangriffe der Alliierten hatten das Werksgelände zum Großteil zerstört, weshalb man als „Ausgebombter" eine Zeitlang in Gottmadingen bei Fahr Unterschlupf fand und dort weiterbaute. Erst 1949 konnte es in Aschaffenburg weitergehen. Mit dem A 15, bzw. dem ein Jahr später vorgestellten AF 15 (der erste hatte ein Vierganggetriebe von Renk, der zweite ein Fünfganggetriebe von ZP) wurde das erste richtige Nachkriegsmodell vorgestellt. Charakteristisch war

> Die optische Veränderung der Motorhaube bei der „Europa"-Reihe machte die Güldner jener Jahre zu mit den schönsten Modellen ihrer Zeit.

ab diesen Baureihen für die nächsten Jahre das „Haifischmaul", die nun nicht mehr eckige, sondern runde Haubenform mit einer Kühlerverkleidung, die zeitgenössische Betrachter sofort an die Zähne eines Haifischs denken ließ. Der AF 15 gehörte mit fast 5.000 Exemplaren zu einem der bestverkauften Modelle, die Güldner gebaut hat. 1952 wurde das Angebot um Schlepper der Leistungsklassen 22 und 35 PS erhöht. Mit dem AZK wurde 1953 ein sehr erfolgreicher Kleinschlepper mit zwölf bis 14 PS vorgestellt, dazu der ADN, der bis zur Einführung der „Europa"-Reihe das bestverkaufte Modell der Aschaffenburger blieb. 7.830 Stück wurden seinerzeit auf den Acker gestellt. Weil die Kunden Mitte der 1950er-Jahre nach luftgekühlten Schleppern Ausschau hielten, gab auch Güldner diesem Trend nach und produzierte mit dem ALD eine 17-PS-Alternative zum ADN. Er war vollwertig als Tragschlepper einsetzbar.

Kooperation mit Fahr

1956 folgte dann für die Ästheten unter den Traktorfreunden ein gewaltiger Sprung nach vorn. Die Güldner legten ihre Haifischköpfe ab und bekamen eine vorn ovale, mit einem Netzgitter verkleidete Motorhaube, die nach vorn hochgeschwungen, nach hinten aber schmäler gehalten war. Dieses Design war die Wespentaille pur und ist vielleicht das Schönste, das es bei Schleppern je gegeben hat. Der luftgekühlte Kleinschlepper AK, der den ALK ersetzte, war der erste, der in dieser Form produziert wurde. Die Absatzzahlen belegen den großen Erfolg: Über 7.100 Fahrzeuge konnten verkauft werden. Im gleichen Jahr war übrigens das neu eröffnete Werk in Nilkheim bei Aschaffenburg eröffnet worden. Die Domäne von Güldner blieben die Motoren für kleinere Pferdestärken. Die eigenen Modelle über 30 PS wurden – ungewöhnlich für eine Motorenfabrik – mit Fremdmotoren bestückt. Zuerst experimentierte man mit einem Perkins-Motor, dann mit einem Unimog-Motor.

1956 war auch das Jahr, in dem der Landmaschinenhersteller Fahr für sein Schlepperprogramm einen engeren Partner suchte. Da man miteinander besonders nach dem Krieg sehr gut ausgekommen war, wurde man schnell einig. Nach einer Zeit der Planung und Konstruktion wurde 1959 die gemeinsame „Europa"-Reihe vorgestellt. Während bei Fahr die Modelle nüchtern nur D88, D131, D133 und D177 hießen, ließen sich die Marketingstrategen von Güldner mehr einfallen. Ähnlich wie Fendt ein Jahr zuvor für die „ff"-Reihe eigene Namen erfand, erhielten auch die Güldner-Modelle Namen, und zwar sehr sinnige, die aus der Geografie Europas entnommen waren: Das 15-PS-Modell hieß Spessart, das mit 20 PS Tessin, Burgund wurde das Modell mit 25 PS, die 34-, später 36-PS-Maschine nannte man Toledo und der 1962 nachgeschobene Großschlepper mit 48 PS wurde Gotland getauft. Die „Europa"-Kooperation währte jedoch nur kurz, denn unternehmenspolitische Entscheidungen führten Fahr in die Arme von Deutz, und 1961 stand Güldner allein da.

Interessant ist, dass man bei den Neuauflagen der „Europa"-Modelle ganz auf Luftkühlung umgestiegen ist. Im Falle des Güldner-Motors 3 LKN, eines Motors, der übrigens auch in Boote eingebaut worden wurde, war die Kühlzufuhr am hinteren Zylinder nicht mehr gewährleistet, wenn Schmutz mit ins Spiel kam. Die Folgen eines überhitzten Motors trafen viele Landwirte. Doch ansonsten war die „Europa"-Reihe ein Erfolg. Besonders gut daran war auch, dass viele Ersatzteile unter den Modellen austauschbar waren.

Abrupter Ausstieg

Dennoch wurde es für Güldner immer schwieriger, sich am Markt zu behaupten. PS-stärkere Fahrzeuge hatte man noch nachschieben können – diesmal mit eigenen Motoren der Baureihe L 79, die ab 1962 in Serie produziert wurden und im Baukastenprinzip mit bis zu sechs Zylindern verwendet wurden. Ebenso brachte Güldner den Allradantrieb, und die neue, als G-Reihe bezeichnete Typenpalette schien technisch zu überzeugen, doch die Besitzerin Linde entschied in einer spektakulären Vorstandssitzung am 21. März 1969 die sofortige Einstellung des Traktorenbaus. Stattdessen sollte die Gabelstaplerfertigung ausgebaut werden. Bereits 1955 hatte Güldner hydrostatische Elemente als innovative technische Neuerung vorgestellt, die bis heute maßgeblich für

> Der Güldner G 30 gehört zur G-Reihe und wurde zwischen 1963 und 1969 gebaut. Ab 1965 hatte er 32 PS. Er gehört zu den letzten Traktoren, die Güldner gebaut hat.

den Erfolg der Linde-Stapler verantwortlich sind. Diese Fahrzeuge fuhren jedoch unter dem Namen Linde. Bis zur Einstellung der Schlepperproduktion waren etwa 100.000 Güldner verkauft worden.

Hanomag

Der Eisenbahnkönig

In der langen Geschichte des Schlepperbaus der Firma Hanomag spielt sich beispielhaft ab, was die deutsche Industrie im letzten Jahrhundert an Hochs und Tiefs erlebte. Als einer der erfolgreichsten Produzenten von Traktoren, Pkw und besonders Lastwagen kannte den Namen Hanomag seinerzeit fast jedes Kind. Nur die wenigsten aber wussten genau, was Hanomag bedeutet. Es ist die gekürzte Telegrammadresse der „Hannoverschen Maschinenbau AG". Die Telegramme, E-Mails der damaligen Zeit, kosteten nach der Anzahl der Buchstaben. Deshalb versuchte man, sich möglichst kurz zu fassen, der „Telegrammstil" war geboren. Weil die Ausschreibung des Firmennamens auf Dauer zu teuer war, kam ein Sparfuchs auf die Idee, den Namen einfach abzukürzen.

> Mit dem WD-Großpflug baute Hanomag erstmals Fahrzeuge für die Landwirtschaft. Bis zu 80 PS leisteten diese Ungetüme und waren natürlich nur für sehr große Güter wirtschaftlich.

Der aus Neidenburg in Ostpreußen gebürtige Baruch Hirsch Strousberg war einer jener emanzipierten Juden, die das 19. Jahrhundert in Deutschland hervorgebracht hatte. Er konvertierte und nannte sich – angeblich um sich teure neue Monogramme zu ersparen – Bethel Henry. Als Jugendlicher war er nach London ausgewandert und erlebte dort einen Aufstieg, wie ihn Charles Dickens in „Oliver Twist" beschrieben hat. Strousberg wurde Industrieller und hatte sehr früh erkannt, wieviel Geld sich mit Eisenbahnen verdienen ließ. 1868 kaufte er auch die ebenfalls Lokomotiven produzierende „Eisengießerei und Maschinenfabrik Georg Egestorff" in Linden, die im Königreich Hannover lag, wo den fortschrittlichen landwirtschaftlichen und verkehrstechnischen Ideen der Engländer, mit denen Hannover aus historischen Gründen eng verbunden war, nachgeeifert wurde.

Strousberg wurde als Eisenbahnkönig berühmt, doch sein Thron wackelte sehr schnell und brach in der Gründerkrise zusammen. Aus der Konkursmasse entstand in Hannover-Linden die „Hannoversche Maschinenbau Actien-Gesellschaft", in der weiter Lokomotiven gebaut wurden. Auf der Suche nach neuen Geschäftsfeldern kam es zum Bau von stationären Dampfmaschinen, Pumpen und sogar der ersten Straßenbahn mit Verbrennungsmotor.

Beginn der Traktorenproduktion

1912 stieg Hanomag in die neu entstehende Branche der Landmaschinenfabrikation ein. Mit den WD-Motorpflügen (benannt nach den Konstrukteuren

> Besonderes Kennzeichen der ersten WD-Radschlepper von Hanomag war das runde Treibstoff-Fass direkt vor dem Fahrersitz. Dieses Modell trägt noch historische Vollgummireifen.

Ernst Wendeler und Boguslav Dohrn) baute man riesige Fahrzeuge, die besonders für die großen Güter Ostelbiens gedacht waren. Diese Motortragpflüge hatten zwei große Antriebsräder und ein drittes Stützrad. Um die 1.000 Stück solcher Geräte konnten bis in die 1920er-Jahre verkauft werden.

Nach dem Krieg, als viele von den Vorzügen des Raupenantriebs schwärmten, mit denen die englischen Panzerfahrzeuge die Schlachtfelder Flanderns durchkreuzt hatten, setzte auch Hanomag auf diese Karte. Mit dem Z 25 begann eine lange Reihe erfolgreicher Kettenschlepper-Typen, die über viele Jahre erfolgreich war. Der Z 25 wurde ca. 1.500-mal verkauft. Dieses Fahrzeug markiert den Beginn des Schlepperbaus bei Hanomag.

Der Fordson war zu dieser Zeit auch in Deutschland eine Art Vorbild. Hanomag versuchte, ein deutsches Äquivalent zu dem in Masse hergestellten amerikanischen Modell zu schaffen, und produzierte ab 1924 den WD-Schlepper R 26 mit 26 PS. Besonderes Kennzeichen dieses Fahrzeugs war wie auch noch lange Zeit später der Fasstank unmittelbar vor dem Lenkrad, den schon die Motorpflüge hatten.

Bereits ein Jahr später erschien der Nachfolger R 28/32, der bis 1935 gebaut wurde und ab 1929 auch mit Ackerluftreifen zu haben war.

Das Diesel-Debüt

1931 begann bei den Hanomag-Schleppern die Dieselära. Man hatte den Bremer Motorenhersteller Namag aufgekauft und dort einen eigenen Dieselmotor, den D 52, konstruiert, der nun die neuen Schleppertypen antrieb. Erstes Modell war der RD 36, für den es auf Wunsch auch schon einen E-Starter gab. Von 1936 bis zur zwangsweisen Umorientierung auf Holzgasschlepper folgte der AR 38 diesem Modell nach. Es wurde Tradition, zum jeweiligen Ackerschlepper immer auch eine Straßenvariante anzubieten.

Sie zeichnete sich durch Trittbretter, andere Reifen, Kotflügel und meist eine Fahrerkabine aus. Deshalb ähnelten sie sehr einem Pkw. Diese Fahrzeuge haben heute einen besonderen Charme. Die parallele Maschine zum AR 38 war der SR 38/45, der erstmals über eine Druckluft-Bremsanlage und als SR 45 über Trommelbremsen an den Antriebsrädern verfügte. Hanomag bot bereits nützliche Extras an, zum Beispiel eine Windschutzscheibe mit Scheibenwischer, Tachograph, Kilometerzähler oder Schneeketten.

Als Bauernschlepper konzipiert, aber mit 20 PS deutlich stärker als die Mitbewerber, war der RL 20. Um einen attraktiveren Preis anbieten zu können, hatte man viele Elemente aus der Pkw-Produktion verbaut. Dieses Modell wurde nach dem Krieg wieder hergestellt, ehe die ersten Neuschöpfungen vorfahren konnten.

Mit dem R 40 durch die Stunde Null

Zum denkbar ungünstigsten Zeitpunkt, mitten im Krieg und vor der Umstellung auf Holzgastraktoren, wurde der völlig neu entwickelte Radschlepper R 40 vorgestellt. Er hatte das, was Landwirte zurecht von ihrem Schlepper erwarteten: Robustheit, Zuverlässigkeit, Genügsamkeit.

Der Motor blieb der seiner Vorgänger, doch das Getriebe war neu: der Mitbewerber FAMO aus Breslau lieferte ein Fünfgang-Getriebe. Es gab verschiedene Varianten (A, B, G, J), die sich dadurch unterschieden, wie man sie anließ, denn neben dem Standard-Modell (nach dem Krieg Bezeichnung für diesen Typ) mit elektrischem Anlasser gab es noch Fahrzeuge mit einer Benzin-Anlassvorrichtung.

Als die Schlepperproduktion auf Holzgas umgestellt werden musste, wurde dieses Modell zugrunde gelegt. Hanomag war damit anders als die meisten anderen Hersteller, die 25-PS-Holzgas-Schlepper bauten, mit einem 40-PS-Fahrzeug vertreten. Nach Kriegsende konnte unter britischer Aufsicht bereits ab Oktober 1945 der R40 weitergebaut werden. Damit war Hanomag einer der frühesten Hersteller, die nach der Kapitulation wieder aktiv wurden. Das lag auch daran, dass die Fabrikanlagen in Hannover die Bombenangriffe relativ gut überstanden hatten. Ab 1948 gab es den R 40 C, eine Variante für den Straßeneinsatz, aber auch zu landwirtschaftlichen Zwecken gut geeignet. Dank seines länger übersetzten Getriebes konnten bis zu 25 km/h erreicht werden.

> Der R 460 von Hanomag vom Anfang der 1960er-Jahre war ein Straßenschlepper, der nichts anderes war als ein modernisierter R 40, wobei der Motor immer noch auf dem alten Aggregat basierte. Er leistete 60/65 PS.

Wirtschaftswunder mit Hanomag

1949 kam mit der D-Mark auch die erste Neukonstruktion der Hannoveraner, der Radschlepper R 25 mit 25 PS und ein Jahr später mit neuem Motor. Bemerkenswert war die Konstruktion vor allem insofern, als Hanomag nun von der Blockbauweise abging und stattdessen auf einen Halbrahmen setzte. Einen hydraulischen Frontlader gab es gegen Aufpreis.

1950 sollte der R 45 die in die Jahre gekommenen R 40 ersetzen. Neu waren der Motor und die Form von Motorhaube und Kühlerverkleidung. Die PS-Zahl war auf 45 gestiegen. Es gab die Straßenvariante C (25 km/h), die Standardversion A (17 km/h) und eine auf 8,5 km/h begrenzte Version B. Das Jahr 1955 brachte eine Drehzahlerhöhung und somit das „neue" Modell R 55. Eine besonders interessante Version war der R 55 ATK, der über eine neu konstruierte hydraulische Strömungskupplung des heute noch sehr erfolgreich tätigen Unternehmens Voith aus dem schwäbischen Heidenheim verfügte. Nun war es möglich, auch unter schwerer Zuglast ruckfrei und sanft anzufahren.

Für die Kleinbetriebe bot Hanomag ab 1951 den R 16 wieder in Blockbauweise an. Wer etwas mehr PS als 16 suchte, konnte den R 22 kaufen, der wiederum in Halbrahmenbauweise gebaut wurde. Beide Schlepper wurden durch Erhöhung der Drehzahl später zum R 19 bzw. R 27, während der R 28 den R 25 ablöste. Optisch signalisierte Hanomag diese Neuerung durch eine neue Kühlerverkleidung, die nun senkrechte Blechstreifen und der Schriftzug des Unternehmens zierten. Vom R 28 gab es den einzigen Obstbauschlepper von

> Über 14.000-mal konnte in den 1950er-Jahren der R 16 verkauft werden. Ein sehr guter Erfolg.

Hanomag: den R 28 N, mit dem allerdings wenig Geld verdient wurde. Beim R 35/45 von 1953 kam zur Leistungserhöhung ein Roots-Gebläse zum Einsatz.

Die Zweitakter

Glanz und Elend liegen oft beieinander. Hanomag liefert dafür mit dem kleinen Bauernschlepper R 12, später C 112 genannt, ein Beispiel. Als man 1954 mit diesem billigen zwölf-PS-Zweitakter im Markt erschien, katapultierten die Verkaufszahlen die Hannoveraner auf den ersten Platz der Schlepperstatistik. Der Kleinschlepper war aber leider der Konkurrenz nicht gewachsen und erwies sich als zu schwach. Hinzu kamen Lärm und Schmutz, die man bei der Verwendung des Fahrzeugs zu erdulden hatte. Der Imageschaden für das Unternehmen war bedeutend. Mit dem R 24 und dem R 18 folgten weitere Zweitakter nach.

Neue Typenbezeichnung

Wenn sich an den Produkten nichts ändert, dann greift oftmals das Marketing ein. So auch bei Hanomag, als 1957 die Typenkennung auf drei Ziffern umgestellt wurde. Etwas geändert wurde auch die Kühlermaske, die jetzt mit Firmenwappen und schrägem Schriftzug geschmückt war. Der R 12 wurde zum C 112, der R 18 zum C 218, der R 24 zum C224, der R 45 wurde zum R 445 und der R 55 nannte sich jetzt R 455. Aus diesem entwickelte man durch An-

> Der R 217 S wurde ab 1959 gebaut. Er glänzte durch gute Verkaufszahlen. Sein Vorkammer-Diesel leistete 19 PS. Dahinter ein R 435 A mit 35 PS.

hebung der Drehzahl 1960 den R 460, der mit 60 PS im Schnellgang eine Höchstgeschwindigkeit von 30 km/h bot. Schon zwei Jahre vorher konnte der Hanomag-Kunde auf Wunsch eine „Pilot-Hydraulikregelung" einbauen lassen, die sicherstellte, dass der hydraulische Kraftheber eine eingestellte Arbeitstiefe auch bei unebenem Gelände beibehielt.

Rheinstahl-Hanomag

Ab 1961 mussten sich die Hanomag-Kunden auf ein neues Logo einstellen. Zwar gehörten die Hannoveraner schon länger zum Rheinstahl-Konzern, doch erst jetzt schlug die Rheinstahlbrücke ihren Bogen über dem Hanomag-Logo. Bereits ein Jahr früher löste der C 115 Greif den enttäuschenden C 112 ab, er war der einzige Hanomag-Zweitakter in Blockbauweise und der erste, der wieder einmal ein Fremdgetriebe hatte, und schließlich auch der letzte Zweitakter. Auch die anderen Neufahrzeuge erhielten ab jetzt einen Beinamen. Kennzeichnend für die Vertreter dieser Schleppergeneration war auch die neue, formschöne Motorhaube.

Brillant (42 PS), Robust (50 PS mit Roots-Gebläse), Granit (32 PS) und Perfekt (25 PS) hießen diese Schlepper. 1962 änderte sich die Ziffernbezeichnung und nun war der Perfekt 300 das kleinste Modell von Hanomag, der Granit erhielt die 500, der Brillant 600, der Robust als größter Hanomag-Schlepper 800. Mit einem S hinter dem Namen wurden die Schlepper mit Schnellgang-

> Eine ansprechende Form hatte Hanomag seinem Granit 500 verpasst. Sein bulliges Aussehen lässt die 32 PS recht gering erscheinen.

getriebe gekennzeichnet. Erstmals konnte in dieser Generation von der Seite aufgestiegen werden. Der Perfekt 400 mit 32 PS hatte einen Motor der aufgekauften Borgward-Werke, der anders als der Perfekt 300 mit vier statt zwei Zylindern arbeitete.

Lepoix bringt Hanomag in Form

Wie viele andere Schlepperproduzenten später auch, wechselte Hanomag von der rundlichen Form zu einer markanten, eckigen Optik. Der französische Industriedesigner Louis Lucien Lepoix mit Wohnsitz in Baden-Baden war beauftragt worden, sich Gedanken zu machen. Er hatte von Lindt bis Fischer-Technik viele bekannte Kunden. Auch die sehr gelungene „ff"-Reihe von Fendt stammte von ihm. Das Ergebnis stellte der Perfekt 301 vor. Glatt, kantig, funktional wirkte das Design und verhieß die Konzentration auf seine Aufgabe.

1966 kam die Einführung eines Leichtschaltgetriebes mit neun Vorwärts- und drei Rückwärtsgängen hinzu. Im Zuge der Produktpflege kam es 1967 erstmals zu Allradmodellen (Brillant 601, 700, Robust 900), dem ersten Sechszylinder-Hanomag (Brillant 700), einer Planeten-Lenkachse (Brillant 700 A) und dem PS-stärksten Schlepper der Hannoveraner (Robust 901: 92 PS).

> Der Robust 901 S (links) und der Brillant 701 S gehören zu den letzten Traktormodellen, die bei Hanomag gebaut wurden. Beide haben die eckige Lepoix-Motorhaube.

Abschied vom Schleppermarkt

Doch dann kam das Ende. Die Marktsättigung Mitte der 1960er-Jahre, ein viel zu breites Programm, das effektives und kostengünstiges Produzieren verhinderte, die Kosten des hohen Qualitätsstandards, kurz: ein Cocktail ungünstiger Umstände führte 1971 zur Aufgabe der Schlepperproduktion.

Über 250.000 Hanomag-Schlepper wurden insgesamt verkauft, es gab im Laufe der Jahre über 100 Modelle. Damit gehört Hanomag zu den wichtigsten deutschen Traktorproduzenten.

Die Baumaschinensparte verkaufte der Eigner Rheinstahl übrigens an Massey Ferguson, die auch im Landmaschinengeschäft alles andere als ein Unbekannter waren, doch 1979 gaben die Kanadier ihren Kauf wieder ab. Die Zukunft von Hanomag blieb unsicher, bis 1989 der auch hierzulande bekannte japanische Baumaschinenriese Komatsu in Hannover einstieg.

Hürlimann

Seit 1929 schon werden von Hürlimann in der Schweiz Schlepper gebaut. Nach dem Krieg entstand der Mythos vom „Rolls Royce“ der Traktoren. Hürlimann

> Dieser D 210 mit 77 PS bei 2.100 U/min wurde Anfang der 1970er-Jahre gebaut und arbeitet heute noch als Zugpferd auf einer Bootswerft.

legte besonderen Wert auf hohe Qualität und Innovation. So präsentierte das Unternehmen 1939 als Weltneuheit den ersten Dieselmotor mit Direkteinspritzung und baute als erster Hersteller in Mittelklasse-Schlepper Turbomotoren ein. Nach dem Tod des Firmengründers Hans Hürlimann 1977 verkauften die Nachkommen die Firma. Seit 1979 werden die Traktoren im Same-Werk in Italien, später auch in Lauingen, produziert und finden sich als Marke unter dem Dach von Same Deutz-Fahr wieder.

IFA

Traktorbau in Deutschlands Osten

Als die amerikanischen Truppen 1945 vertragsgemäß das besetzte Thüringen räumten und die Rote Armee einmarschierte, hatte die sowjetische Besatzungszone begonnen, in ihrer späteren Form zu existieren. Um die Ernährung zu sichern, musste für eine schnelle Wiederaufrichtung der landwirtschaftlichen Produktion gesorgt werden. Wesentliche Voraussetzung dafür war natürlich die Motorisierung. In der SBZ formierte sich unter dem Druck der SED die Schlepperproduktion an drei Standorten: In Nordhausen, dem ehemaligen Produk-

> RS 01/40 ist der „Pionier", eines der bekanntesten Agrarfahrzeuge der ehemaligen DDR. Dieser Schlepper von 1953 hat einen Hubraum von satten 5.020 ccm.

tionsort von Normag, in Zwickau, wo bisher Horch gebaut hatte – dorthin wurden die Produktionsanlagen der FAMO-Werke aus Breslau verlegt – und im brandenburgischen Schönebeck. Diese VEBs wurden 1947 mit allen anderen Motoren- und Fahrzeugwerken im Industrieverband Fahrzeugbau (IFA) zwangsvereinigt. Jedes Werk erhielt seine besondere Aufgabe. Zunächst hatte man noch Vorkriegsmodelle nachgebaut, so den großen Raupenschlepper „Rübezahl" von FAMO. In Zwickau entstand der „Pionier" oder RS 01/40, der von 1949 bis 1956 gebaut wurde. Es handelte sich dabei um einen modifizierten Nachbau des FAMO-Schleppers von 1936. Er hatte mit seinen 40 PS genügend Kraft, um auf den großen Landgütern der DDR zu bestehen.

Die ersten Eigenentwicklungen

Doch schon sehr bald entwickelte man eigene Konstruktionen. Nur knapp 200 RS 02, die den schönen Namen „Brockenhexe" trugen, wurden in Nordhausen fabriziert. Wegen rechtlicher Probleme mit dem verbauten Deutz-Motor wurde die Herstellung schnell zugunsten des RS 04/30 eingestellt. Dieser Zweizylinder-Schlepper war eine Neuentwicklung aus Nordhausen und wurde recht lange produziert. Allerdings war er für die entstehenden großen LPGs einfach zu wenig leistungsstark. Sein Nachfolger wurde 1958 der „Famulus".

> Zwei IFA-Geräteträger: links ein RS 08/15 mit 15 PS von 1953, rechts ein RS 09 mit 18 PS von 1964 (Deutsches Landwirtschaftsmuseum Hohenheim).

Eine Besonderheit, da im Westen erst später anzutreffen, war der „Maulwurf" oder in der Bezeichnung des Nachfolgemodells RS08/15. Dieses Fahrzeug hatte nichts mit dem berühmten gleichnamigen Maschinengewehr zu tun, sondern die 08 stand für den achten gebauten Radschleppertyp, die 15 hinter dem Schrägstrich bedeutete die PS-Leistung. Eine analoge Bezeichnung trug ja auch der „Pionier". Bei diesem „Maulwurf" handelte es sich um einen Geräteträger, den der Erfurter Konstrukteur Egon Scheuch schon 1949 entwickelt hatte, also einige Zeit vor dem Lanz Alldog und Eichers Geräteträger. Allerdings kam es nach dem Bau einer Kleinserie erst in überarbeiteter Version 1953 zur Serienfertigung. Anders als die beiden genannten Westmodelle, aber gleich wie der Geräteträger von Fendt, hatte dieser Schlepper nur einen Tragholm. An diesem konnte man die Spurlänge von zwei Metern auf 1,4 Meter verkürzen, indem man einfach die Befestigungsbolzen herauszog, die Vorderachse verschob und wieder befestigte. Eine ähnliche Vorrichtung gab es überdies zur Verstellung der Spurweite. Auch das Getriebe, das eine Front- und eine hintere Zapfwelle und je vier Gänge in zwei Schaltgruppen hatte, war innovativ und seiner Zeit weit voraus. Allerdings hatte der „Maulwurf" einen gravierenden Mangel: Ähnlich wie bei Eicher war der Motor für diesen Verwendungszweck klar unterdimensioniert. Außerdem war ein Zweizylinder-Zweitakt-Vergasermotor, der vorher in DKW-Personenkraftwagen eingesetzt worden war, verwendet worden. Das lag sicher daran, dass das Mängelverwaltungs- und Zuteilungssystem der DDR unerfahrene Leute an die Entscheidungspositionen gesetzt hatte. Doch war der Benziner einfach nicht für diesen Zweck geeignet.

Exportschlager RS09

Deshalb wurde der RS09 entwickelt, ein Nachfolgemodell mit Dieselmotor, einem Lizenznachbau des österreichischen Warchalowski-Zweizylinder-V-Motors mit Direkteinspritzung, der vom Grazer Hans List, dem Gründer des weltberühmten Instituts AVL, entworfen worden war. Die AVL LIST GmbH, 1948 in Graz gegründet, ist heute das weltgrößte private und unabhängige Unternehmen für die Entwicklung von Antriebssystemen mit Verbrennungsmotoren und zugehöriger Mess- und Prüftechnik. Dieser Motor wurde auch von Lindner verwendet, außerdem von Warchalowski selbst, wo man ab 1955 ebenfalls begann, Traktoren zu bauen.

In der nun ausgebildeten Konfiguration wurde der RS09 einer der erfolgreichsten Geräteträger im Ostblock. Ein Meilenstein war der ab 1964 gebaute ZT 300. Er wurde zum Urvater einer langen Reihe mittelstarker bis schwerer Traktoren, die für die Einsätze auf den großen LPGs konstruiert worden waren. Ab 1967 begann die Großserienfertigung dieses neuen Schleppers. Die erste Generation dieser Traktoren wurde in ca. 70.000 Exemplaren hergestellt. Die ZTs waren bis zur Wende die Zugpferde der planwirtschaftlich organisierten Landwirtschaft. Weitere Baureihen des ZT wurden entwickelt, so 1971der ZT 303 mit Allradantrieb. Ihr unerwartet schnelles Ende kam 1989, als mit der Maueröffnung das Interesse an Produkten der DDR rapide abnahm.

John Deere

John Deere ist nicht nur der größte Traktorhersteller im deutschsprachigen Raum, sondern gehört auch zu den wenigen Unternehmen in diesem Bereich, die durch die turbulente Geschichte der Traktorindustrie ohne Pleite oder Fusion kamen. Wie bei vielen anderen Traktorherstellern steht auch hier am Anfang eine Persönlichkeit, in der sich die Eigenschaften eines genialen Erfinders, klugen Unternehmers und praktischen Anwenders der Technik vereinen. John Deere, nach dem bis heute der Konzern für landwirtschaftliche Maschinen benannt ist, wurde 1804 in Rutland im amerikanischen Bundesstaat Vermont geboren. Den gelernten Hufschmied zog es wie viele andere aus wirtschaftlichen Gründen nach Westen, wo er sich in Illinois niederließ. Die Erde in dieser Gegend war schwer und klebrig, so dass die Farmer die Pflugscharen nach kurzen Strecken immer wieder reinigen mussten. John Deere löste dieses Problem, indem er eine Pflugschar konstruierte, die so gebogen war, dass sie sich selbst reinigte. Dies war der Anfang seiner steilen Karriere als Hersteller von Geräten und Maschinen für die Landwirtschaft. Schon 1847 konnte er 1.000

> Der John Deere-Lanz 500 gehörte zu den Modellen, die ab 1960 im John-Deere-Grün erschienen. Er besaß einen 36 PS starken Motor, der frühere Lanz-Fahrer durch seinen ruhigen Lauf überraschte.

dieser selbstreinigenden Pflüge verkaufen. Ein Jahr später errichtete er eine Fabrik in Moline, an den Ufern des Mississippi, deren jährliche Pflugproduktion bald in die Tausende ging. In Moline, Illinois, ist bis heute das Hauptquartier des John-Deere-Konzerns.

1868 wurde das Unternehmen als Aktiengesellschaft neu gegründet, und 1876 tauchte zum ersten Mal der springende Hirsch im Logo des Unternehmens auf. Als der Unternehmensgründer 1886 verstarb, waren schon 90.000 Pflüge hergestellt worden.

Der Einstieg in das Traktorgeschäft klappte nicht auf Anhieb. 1913 gab das Unternehmen den ersten experimentellen Drei-Rad-Traktor zum Bau in Auftrag. Es blieb jedoch bei dem Versuchsmodell, genauso wie bei dem 1917 von John Deere selbst gebauten Traktor mit Drei-Rad-Antrieb, von dem nur einige wenige Exemplare produziert wurden.

Der richtige Einstieg in den Traktormarkt kam für John Deere 1918 mit der Übernahme der Waterloo Gasoline Engine Company, die einen Traktor mit der Bezeichnung „Waterloo Boy" hergestellt hatte. Eine verbesserte Version dieses Waterloo Boy wurde von John Deere als „Model N" herausgegeben. Den richtigen Durchbruch erzielte das Unternehmen vom Mississippi mit dem ab 1923 gebauten Model D, der im Gegensatz zu seinem Vorgänger schon eine richtige Motorhaube besaß. Der Model D verkaufte sich im Laufe der nächsten 30 Jahre 161.000-mal.

Die größte Konkurrenz zu dieser Zeit stellte der Traktorhersteller International Harvester dar, der mit seinen Farmall-Schleppern große Erfolge erzielte. John Deere reagierte darauf mit dem GP (General Purpose), einem Allzweck-Traktor, der ebenfalls zum Renner wurde und der mit dazu beitrug,

> Der John Deere 2140 war ein 82 PS starker kompakter und wendiger Traktor. Dieses Modell der 40er-Serie wurde von 1980 bis 1987 gebaut.

den grünen Traktoren die zweite Stelle in den Verkaufsstatistiken zu sichern.

Die Weltwirtschaftskrise in den 1930er-Jahren ging auch an der Landwirtschaft und den Landmaschinenherstellern nicht vorbei. Neue Bestellungen blieben aus und viele auf Kredit finanzierte Maschinen konnten von den Landwirten nicht mehr bezahlt werden. John Deere schaffte sich damals treue Kunden, weil das Unternehmen davon absah, die Produkte von zahlungsunfähigen Kunden wieder einzuziehen.

John Deere hatte sich in Nordamerika eine Spitzenposition auf dem Traktormarkt erobert, aber nach Europa gelangten nur vereinzelte Exemplare mit dem springenden Hirschen im Logo. Den Sprung über den großen Teich schaffte die Firma aus Illinois 1956 mit der Übernahme der kränkelnden Mannheimer Lanz AG. Die ersten Jahre nach der Übernahme änderte sich nicht viel für die Mannheimer, die nach wie vor ihre eigenen Typen herstellten. 1960 begannen allerdings die ersten Modelle im John-Deere-Grün auch am Rhein vom Band zu laufen. Es handelte sich um den John Deere-Lanz 300 mit 28 PS und den 500 mit 36 PS, zu denen sich bald der 100 mit 18 PS und der 700 mit 50 PS gesellten. Diese Modelle wurden 1965 von der so genannten 10er-Serie abgelöst. Die neuen Typen trugen die Nummern 310, 510 und 710. Sie waren mit neu entwickelten Motoren ausgestattet, bei denen zum Starten kein Vorglühen mehr nötig war. Bereits 1967 wurde die 10er-Reihe von der 20er-Reihe abgelöst, deren Modelle nun nicht mehr den Namen Lanz enthielten. Der John Deere 1020 schloss mit seinem Drei-Zylinder-Motor und 38 PS Leistung die Reihe nach unten ab. Später wurde noch der 820 gebaut, der an der Zapfwelle eine Leistung von 38 PS erbrachte. In Mannheim wurden Traktoren bis 83 PS gebaut, während stärkere Schlepper von anderen Werken bezogen wurden.

Die Modelle der 10er- und 20er-Reihen wurden als die „Neue Generation" bezeichnet, weil sie neue Maßstäbe im Leistungsbereich setzen sollten. Vor allem die jüngere Reihe brachte dem Unternehmen explodierende Umsatzzahlen. Das Mannheimer Werk entwickelte sich schnell zum europäischen Produktionszentrum. 78 Prozent der dort produzierten Traktoren waren im Jahr 1970 für den Export bestimmt. Doch die Entwicklung ging mit schnellen

> Bei der 5015-Serie handelt es sich um eine leichte Kompaktklasse. Der Typ 5415 in diesem Bild erreicht eine Maximalleistung von 75 PS und war bis zu 40 km/h schnell.

Schritten weiter. Schon ab 1972 wurde die 30er-Serie eingeführt, die zur „Generation II“ der John-Deere-Traktoren gehörte. In Mannheim wurden von Anfang an der 2030 mit 71 PS, der 2130 mit 79 PS und der 3130 mit 97 PS hergestellt. Zu den Neuerungen gehörten ein verbesserter Motor, eine Hydraulik mit Magnetschaltung, eine kupplungsunabhängige Zapfwelle und natürlich die Sound-Guard-Kabine, die den Fahrer vor Lärm schützte.

Die Produktpflege wurde von den John-Deere-Entwicklern intensiv betrieben. Während der 1970er-Jahre kam es zu Modelländerungen und neuen Typen. 1975 bekamen die Schlepper mit dem springenden Hirsch auch äußerlich ein schnittigeres Styling, indem die hervorstehende vordere Oberkante durch eine abgeschrägte ersetzt wurde. Auch wirtschaftlich lief für den Konzern alles gut. 1979 wurde mit 65.392 die höchste Mitarbeiterzahl in der Unternehmensgeschichte erreicht.

1979 war das Jahr der Einführung der 40er-Reihe. Die Nummern der europäischen Modelle unterschieden sich von den amerikanischen Modellen. Extra für den europäischen Markt wurden die Drei-Zylinder-Modelle 840 und 940 gebaut. Der mit einem Sechszylinder-Motor ausgestattete 3040 bildete beim Start der 40er die obere Grenze der Serie in Europa. Zu den Neuerungen gehörten das synchronisierte Getriebe, eine verbesserte Hydraulik und Zapfwelle, die hydrostatische Lenkung und bei den größeren Modellen die klimatisierte SG2-Fahrerkabine. Aber schon 1982 wurde die 50er-Reihe mit fünf leistungsstarken Modellen aus den USA und fünf kleineren Modellen aus Mannheim eingeführt. Die in Mannheim produzierten Modelle waren der 2150 mit 45 PS, der 2350 mit 55 PS, der 2550 mit 65 PS, der 2750 mit 75 PS sowie der 2950 mit 85 PS. Außerdem gab es noch den 50 PS starken 2250 für Obst- und Weinbau.

> Zu den technischen Spitzenleistungen gehört auch der 6320, dessen Motor mit der modernen Vier-Ventiltechnik und Common Rail ausgestattet war und bei einer Nenndrehzahl von 2.300 U/min auf 100 PS kam.

Die Krise der Landwirtschaft in den 1980er-Jahren zeigte seine Wirkung auch bei den Herstellern von Traktoren und Landmaschinen. Der Einbruch in der Nachfrage nach Traktoren und Maschinen traf die Unternehmen dieser Branche hart. Manche stellten die Traktorenproduktion ein, andere fusionierten oder wurden aufgekauft. Obwohl die Rezession auch John Deere nicht verschonte, konnte das Unternehmen aus Illinois als einziger großer, weltweit operierender Traktorenhersteller seine Unabhängigkeit bewahren.

Die nächste Innovationsoffensive kam 1992 mit der 6000er-Serie aus Mannheim und der 7000er-Serie aus Waterloo in Iowa. Die 6000er waren Vier-Zylinder-Modelle im Leistungsbereich von 75 bis 100 PS. Die 7000er besaßen Sechszylinder-Motoren mit Turbolader und einer Leistung von 130 bis 170 PS. Neben dem Trend zu mehr Motorleistung waren die neue Rahmen- und Modulbauweise und die Sicherheitskabine, die dem Fahrer mehr Komfort und

> Der 2011 eingeführte John Deere 9560R gehört zu den stärksten Schleppern der Welt. Er wird von einem Sechszylinder-Motor mit einem Hubraum von 13,5 Litern angetrieben und kann eine Maximalleistung von 616 PS vorweisen.

Lärmschutz bot, von Bedeutung. Im folgenden Jahr kam John Deere zum ersten Mal auf Platz eins der Zulassungsstatistik in Deutschland.

Noch einen Schritt weiter in Richtung mehr Leistung und High-Tech ging die 8000er-Reihe, die 1994 vorgestellt wurde. Von der lärmgeschützten CommandView-Kabine aus konnten die Fahrer mit der CommandArm-Steuerung, die an der rechten Armlehne des Komfortsitzes angebracht ist, die Traktoren mit ihrer Leistung von 160 bis 225 PS steuern.

Die nächste, noch stärkere Reihe ließ nicht lange auf sich warten. 1996 kamen die 9000er auf den Markt, deren Motoren eine Nennleistung von 260 bis 425 PS aufwiesen. Im Zuge der Produktpflege wurden 2002 die 9020er mit

> Aus den Werkstätten von Waterloo in Iowa kam der 7810, der von 1997 bis 2003 gebaut wurde. Er erreicht eine Leistung von bis zu 175 PS.

einer Leistung von 280 bis 450 PS eingeführt. Den Abschluss nach oben bilden der 9520 mit 450 PS und der 9620 mit 500 PS.

Natürlich hat längst die Computertechnik Einzug in die CommandView-Kabinen gehalten. Das AutoTrac-Lenksystem auf GPS-Basis erlaubt das genaue Spurhalten bei der Feldarbeit. Auf dem GreenStar Display 2100 lassen sich zahlreiche Funktionen überwachen, wie die Steuerung von ISO-fähigen Anbaugeräten. Die Entwickler von John Deere haben auch großen Wert auf die Gestaltung der Kabine gelegt, deren Geräumigkeit bei den Fahrern geschätzt wird. Die Entwicklung der letzten Jahre hat gezeigt, dass die Traktoren mit dem springenden Hirsch auch in Zukunft auf dem konsolidierten Traktormarkt einen zentralen Platz einnehmen werden. Heute vertreibt das Unternehmen seine Produkte in über 160 Ländern der Welt.

Kramer

Der Schlepper, der alles schafft

„Älteste deutsche Spezialfabrik für kombinierte Kleinschlepper und Motormäher“ nannte sich die Maschinenfabrik der Brüder Hans und Karl Kramer aus dem badischen Gutmadingen stolz. Man liest natürlich über die selbst gemachten Einschränkungen schnell hinweg, aber eines ist richtig: In der Klasse der Motor- oder Grasmäher gab es Kramer einige Zeit früher als Fendt, Fahr und andere, die in den 1920er-Jahren mit solchen landwirtschaftlichen Fahrzeugen debütierten. Ab 1925 waren die Grasmäher von Kramer zu haben. Sie hatten einen Einzylinder-Zweitakt-Benzinmotor von einem Motorrad mit vier PS, der allerdings nicht von schlechten Eltern war. Sogar Pflugarbeiten auf gefrorenem Boden konnten sie ausführen. In den grasreichen und hügeligen Gegenden Süddeutschlands herrschte der Viehbetrieb vor, deshalb brauchte man die Flächen zum Anbau von Futter. Somit war der Grasmäher ein sehr wichtiges Utensil zur Arbeitserleichterung. Später gab es Modelle mit geringfügig höherer Leistung.

Anfang der 1930er-Jahre wurden zwei Modelle mit einem Dieselmotor produziert, die das konstruktive Grundprinzip der Schlepperproduktion bei Kramer für lange Jahre bestimmten: Auf einem Rahmen war ein liegender Einzylinder-Viertakt-Motor mit Verdampfungskühlung montiert, der von der Aschaffenburger Motorenfabrik Güldner stammte. Das Getriebe bezog man von Prometheus, später auch von der Zahnradfabrik Friedrichshafen. Die Räder waren luftbereift und vor allem: der Preis war nicht hoch. Wahrscheinlich aber gefiel den Kramer-Brüdern der Kosename „kleiner Kramer“ der vorausgegangenen Grasmäher nicht so recht, denn in der Werbung wurde für die Neuvorstellungen die nach mehr klingende Bezeichnung „Allesschaffer“ unter die Leute gebracht, die sich sehr schnell durchsetzen konnte. Bis 1939 waren über 10.000 Stück an den Mann gebracht worden und bereits 1934 hat man in der Fertigung ein Laufband eingeführt. Kramer wurde zu einem der großen Hersteller.

Die beiden Modelle waren der K 12 mit 12 PS und zwölf km/h Höchstgeschwindigkeit und der K 18 mit 20 PS und 16 km/h. Der Krieg beendete diese Erfolgsstory und brachte Kramer wie so viele andere Schlepperfirmen zum Bau von Holzgasschleppern. Immerhin resultierten daraus zwei Folgen für die weitere Geschichte des Hauses Kramer: Man war mit Deutz, einem der Motorlieferanten des Holzgasschleppers, zusammengekommen und man hat erstmals ein Schleppermodell in Blockbauweise hergestellt.

Wiederbeginn mit Bewährtem

Nach dem Krieg wandten sich die Gutmadinger zunächst wieder dem Bau der Erfolgsschlepper K 12 und K 18 zu. 1950 begann der Bau größerer Traktoren, so des K 22, eines Zweizylinder-Schleppers mit 22 PS und mit einer Thermosyphonkühlung unter der Motorhaube. Dazu der K 33, der Ende 1951 auf den Markt kam. Ihn erkennt man an den unter der Motorhaube liegenden Scheinwerfern. Um die Produktion in größeren Mengen sicherstellen zu können, richtete Kramer in Überlingen am Bodensee ein zweites Werk ein. Auch wurde ein eigenes Getriebe entwickelt und man bezog die Motoren von mehreren Herstellern (Güldner, Deutz und auch MWM), kurz, man tat alles, um immer freie Hand zu haben.

Auf dem Sektor der Kleinschlepper hatte man mit dem K 12 V (Verdampfungskühlung) und dem K 12 Th (Thermosyphonkühlung) ab 1950 zwei sehr erfolgreiche Modelle im Programm. Der K 12 V war ein Nachfolger des K 12, allerdings nun mit Motorhaube und ein paar technischen Verbesserungen. Der Verkaufsschlager KL 11 war in Blockbauweise konstruiert worden, wobei ein Deutz-Motor mit einem ZF-Getriebe verbunden war. Mit 6.312 verkauften Exemplaren war dieses Modell der meistverkaufte Kramer überhaupt. Er gehört in die Reihe jener Bauernschlepper, die den kleinsten Höfen den Umstieg in die Motorisierung ermöglichen sollten. Ähnliche Fahrzeuge hatten ja auch die anderen Anbieter sehr erfolgreich auf ihrer Preisliste.

Der K15, den man heute noch relativ häufig als Oldtimerschlepper antrifft, war ein weiteres Erfolgsmodell. Zusammen mit seinem ein Jahr später eingeführten Nachfolger, dessen Unterschied in einem besseren Getriebe lag, kam er auch fast auf eine Stückzahl von 6.000. Sein wassergekühlter MWM-Motor KD211Z brachte 15 PS. Dieses Modell gab es bis 1959. Mit diesem Motor waren auch Schlepper anderer Marken bestückt, zum Beispiel der Hela D 117. Inzwischen wurde es für die Kunden immer schwieriger, sich im weitgefächerten Portfolio der Kramer-Werke zurechtzufinden. 1956 war mit dem KB180 ein 18-PS-Schlepper präsentiert worden, der über einen wassergekühlten Güldner-Zweizylinder-Diesel verfügte. Interessant das Schaltgruppen-Getrie-

> Der Kramer „Allesschaffer" war schon vor dem Weltkrieg ein äußerst erfolgreicher Schlepper. Frühe Erfolge feierte Kramer mit seinem ersten Grasmäher schon ab 1925. Dieser K 12 V ist ein Nachkriegsexemplar des Vorkriegsmodells, nun allerdings mit Motorhaube.

be mit zehn Gängen, mit dem Kramer seine Fähigkeiten als Getriebebauer unter Beweis stellte.

Neue Wege: Baumaschinen und KL-Reihe

In diese Phase fiel auch die Entwicklung eines neuen Geschäftsfeldes, das mit den Jahren immer größere Bedeutung erlangen sollte, bis es die Schlepperproduktion schließlich völlig verdrängte. Kramer begann mit der Konstruktion und Herstellung von Baumaschinen. Jetzt war klar, dass sich in puncto Rationalisierung etwas tun musste. Die breite Typenpalette musste vernünftig ausgedünnt werden und mit wenigen, standardisierten Modellen sollte ein kostengünstigeres Produzieren möglich gemacht werden. Bei vielen Mitbewerbern war es um diese Zeit zu ähnlichen Entwicklungen gekommen. Das Ergebnis solcher Maßnahmen war allgemein sehr positiv. So hatten sich etwa Güldner, Fendt, Fahr und Hanomag neu aufgestellt.

1960 wurde die neue Baureihe vorgestellt, die mit dem Kürzel KL vor einer dreistelligen Ziffer identifiziert werden kann. Die Motorhaube, die bisher immer ein wenig einer Fechtmaske geähnelt hatte, war nun in einem schicken, schmalen Design gehalten. Man fühlt sich an die Güldner jener Jahre erinnert. Begonnen wurde diese Reihe mit den Schleppern KL300 (28 PS) und KL 400

> Der K 15 war ein attraktiver kleinerer Schlepper, den man auch heute noch öfters zu sehen bekommt.

(38 PS). Nach unten rundete man das Angebot mit dem KL 200 (18 PS) und dem KL 130 (elf PS) ab, die leistungsmäßig wieder den berühmten beiden „Allesschaffern“ der Vor- und Nachkriegszeit entsprachen, technisch allerdings auf einem weit höheren Niveau standen. Beide hatten den luftgekühlten Deutz-Motor L 712, der 200er mit zwei Zylindern, der kleine mit einem.

Auch in die andere Richtung erweiterte Kramer diese Reihe, zunächst mit dem KL 600 (54 PS) und dem KL 800 (80 PS). Für diese war auch das völlig neue Lastschalt-Wendegetriebe konzipiert worden, das mit zwölf Vorwärts- und sechs Rückwärtsgängen ausgestattet war. Die Entwicklung hatte ebenso viel Geld gekostet wie die Einführung des Allradantriebs der Baumaschinensparte, die Hydraulik oder die Änderung des Designs in eine eckige Form; ein Trend, dem sich in jenen Jahren kein Schlepperbauer entziehen konnte.

Das Ende der Traktorproduktion

Da die Produkte hochwertig und die Stückzahlen relativ klein waren, waren natürlich auch die Kosten dementsprechend hoch. Zwar wussten die Kunden, dass sie mit Kramer Qualität kauften, doch andere Anbieter waren auch sehr

> Die KL-Modelle wurden ab 1967 überarbeitet und erhielten moderne kantige Motorhauben. Die Motoren stammten von Deutz.

gut, aber billiger. Auf der anderen Seite war viel Geld in Prestigeobjekte gesteckt worden, von denen man sich die Wende versprach. Die Rede ist von den ab 1970 eingeführten Traktoren der 14er-Reihe: 414 Allrad, 714 Allrad, 814 Allrad und 1214 Allrad. Diese Fahrzeuge waren technische Meisterleistungen, die für die meisten einfach nicht zu bezahlen waren. Die Zeit für leistungsstarke Hightech-Traktoren war noch nicht reif.

So endete 1973 die Schlepperproduktion in einem Schwanengesang, dem Kramer Allrad 1014. Dieser Zweiwege-Trac war seiner Zeit weit voraus. Sicherlich: Die drei Anbauräume vor, hinter und auf dem Schlepper waren bei anderen Herstellern ebenso zu finden. Die Sensation war aber die durchdachte Vierradlenkung, die den 1014 zu einem unglaublich beweglichen und dank Allradantrieb zugleich ungeheuer zugkräftigen Fahrzeug machten. Mit seinem Sechszylinder-Motor von Deutz leistete dieser Traktor 105 PS. Leider hatte man bei Kramer nicht daran gedacht, dass die Stärke erst mit dem geeigneten Anbauwerkzeug ausgespielt werden kann. Doch das war nur in den seltensten Fällen auf dem Markt. So wurde mit dem 210. verkauften Fahrzeug im Jahr 1980 das Kapitel Kramer-Schlepper endgültig abgeschlossen.

> Die Firma Lanz hat in den frühen Jahren des Traktorenbaus den Markt dominiert wie keine andere. Die Sammler freut's, denn die Nachfrage nach Bulldogs ist riesengroß.

Lanz

Der Anfang der Geschichte des Unternehmens Lanz geht weit zurück ins 19. Jahrhundert. Ein wichtiges Jahr in der Lanz-Chronik war 1859, als der 21-jährige Heinrich Lanz in die Speditionsfirma seines Vaters in Mannheim eintrat. Zur Tätigkeit des jungen Lanz gehörten die Einfuhr und der Vertrieb von Maschinen und Geräten, die vor allem in der Landwirtschaft eingesetzt wurden. Um die Maschinen warten und reparieren zu können, wurde in Mannheim eine Werkstatt eröffnet. Ab 1863 importierte Lanz aus den Vereinigten Staaten die ersten Getreidemähmaschinen von McCormick.

Bald begann Heinrich Lanz mit der Produktion von eigenen Landmaschinen und Ersatzteilen für importierte Maschinen. 1870 machte er sich unter dem Firmennamen H. Lanz & Co. selbstständig.

Zur wachsenden Angebotspalette gehörten bald Dreschmaschinen, Strohpressen und Lokomobile, bei denen Lanz zum Ende des 19. Jahrhunderts als zweitgrößter Hersteller auf der Welt galt. Auf der Weltausstellung in Paris im Jahre 1900 stellte Lanz das bis dahin stärkste Lokomobil vor. Es hatte eine Höchstleistung von 460 PS.

> Lanz Großbulldog ca. 1939. Besonders interessant bei diesem Modell sind die Vollgummiräder, der Muschelkotflügel und die Innenfelgenfederung.

Die ersten Bulldogs

1912 baute das Mannheimer Unternehmen den so genannten Landbaumotor, bei dem es sich um eine selbstfahrende Bodenfräse handelte, die auch als Zugmaschine eingesetzt werden konnte. Die Maschine war mit einem 70 PS starken Vierzylinder-Benzinmotor ausgestattet. 1921 wurde auf der DLG in Leipzig eine fahrbare Maschine mit der Bezeichnung HL 12 vorgestellt, die als der „Ur-Bulldog" gilt. Der mit Rohöl betriebene Motor besaß eine Leistung von zwölf PS und war mit einem Glühkopf ausgestattet. Wegen seines kleinen, bulligen Aussehens wurde das Gefährt als „Bulldog" bezeichnet, ein Name, der zum Synonym für Traktoren werden sollte.

Es war ursprünglich nicht beabsichtigt, die Maschine als Schlepper zu benutzen, sondern sie als feststehende Betriebsmaschine einzusetzen, etwa zum Betreiben einer Dreschmaschine. Die Fahreinrichtung sollte lediglich zum Ortswechsel benutzt werden. Deshalb besaß der Bulldog auch kein Schaltgetriebe, so dass eine Rückwärtsfahrt nur durch „Umsteuern" des Motors möglich war. Aber die Entwickler von Lanz arbeiteten schon daran, einen ackertauglichen Bulldog zu konstruieren. 1923 war es so weit. Der 15 PS starke Lanz HP-Bulldog war mit Allradantrieb und Knicklenkung ausgestattet.

> Dieser schön restaurierte Lanz Bulldog stammt aus dem Jahre 1937 und kann eine Höchstleistung von 20 PS erbringen.

Um die Zugkraft zu erhöhen, war er vorne mit größeren Rädern als hinten versehen worden, und das Hauptgewicht lag auf der Vorderachse. Aber auch dem HP 15 war der große Durchbruch versagt. Nicht mehr Erfolg hatte Lanz mit dem „Felddank“, der einen 38 PS starken Zweizylinder-Glühkopfmotor besaß. Für diesen Schlepper gewann Lanz sogar einen mit 100.000 Reichsmark dotierten Preis. Aber auf die Verkaufszahlen schlug sich dieser Erfolg nicht nieder. Einige der Gründe dafür waren sicherlich der hohe Preis und die gerade herrschende Hyperinflation, die mit einer schlechten wirtschaftlichen Lage einher ging.

Der wirkliche Durchbruch gelang Lanz 1926 mit dem Großbulldog HR 2, bei dem ein Motor mit 28 PS und Verdampfungskühlung benutzt wurde. HR 2 wurde in dem mittlerweile zur Aktiengesellschaft umgewandelten Mannheimer Unternehmen auf einem Fließband gefertigt, was die Kosten und den Preis erheblich senkte. Die HR-Reihe wurde in den nächsten Jahren um zusätzliche Modelle erweitert. Eine bedeutende Weiterentwicklung war der HR 5, der 1929 erschien und eine Höchstleistung von 30 PS erbrachte. Dieser Typ war bereits mit einem Getriebe mit drei Vorwärtsgängen und einem Rückwärtsgang ausgestattet. Beim Motor hatte man die Verdampfungskühlung durch eine Thermosyphonkühlung ersetzt, wodurch man sich das Wassernachfüllen sparen konnte. Der Bulldog konnte mit einer Fahrerkabine ausgestattet werden. Es gab auch eine spezielle Version für das Transportgewerbe, die mit Hilfe einer Getriebeübersetzung eine Höchstgeschwindigkeit von 19 km/h erreichte.

Lanz entwickelte sich zum erfolgreichsten Traktorproduzenten Deutschlands. Doch vorher musste noch die Weltwirtschaftskrise überwunden werden, die tiefe Löcher in die Unternehmenskassen riss und die nur mit Hilfe der Banken überstanden werden konnte. Zur gleichen Zeit ging aber Lanz mit einer neuen Baureihe in die Offensive. 1932 wurde mit der Produktion der HN-Reihe begonnen. Das erste Modell dieser Serie war mit einem 20 PS starken Motor, einer fahrgeschwindigkeitsunabhängigen Zapfwelle und einem Sechs-Gang-Getriebe ausgestattet. Für weniger zahlungskräftige Kunden bot Lanz ab 1934 ein abgerüstetes Modell der Baureihe an. Die Zapfwelle des HN 2 war nicht mehr serienmäßig verfügbar. Auf Wunsch konnte der Bulldog auch mit Ackerluftreifen geliefert werden. Aber auch die HR-Reihe wurde weiter gebaut, so zum Beispiel 1935 die 55 PS starke Bulldog-Raupe HR K. 1936 erschien der HR 6 mit 38 PS. Für diejenigen, die weite Strecken zurücklegen mussten, wurde 1937 der Eilbulldog HR 9 angeboten, der eine Leistung von 55 PS hatte und eine Höchstgeschwindigkeit von 33 km/h erreichen konnte.

Mit dem Ende der Wirtschaftskrise war auch die Motorisierung der Landwirtschaft wieder in Schwung gekommen, und die Zahl der Mitarbeiter in dem Traktorwerk von Lanz war in die Höhe geschnellt. Ende der 1930er-Jahre ging ungefähr die Hälfte aller produzierten Fahrzeuge in den Export. Es wurden sechs Grundtypen angeboten, die einen Leistungsbereich von 15 bis 55 PS abdeckten. Diese Grundtypen waren teilweise in verschiedenen Ausführungen erhältlich: als eisenbereifter Ackerbulldog, luftbereifter Acker-Luft-Bulldog, Verkehrsbulldog, Eilbulldog oder in Allzweckausführung. Die untere Grenze des Leistungsspektrums bildete der 1939 eingeführte 15-PS-Bauernbulldog, der als billigster Traktor auf dem deutschen Markt für kleinere landwirtschaftliche Betriebe gedacht war. Trotz des niedrigen Preises war der Bauernschlepper mit einem elektrischen Anlasser, einem Sechsgang-Getriebe und einem hydraulischen Kraftheber ausgerüstet. Außerdem besaß er eine verstellbare Spurweite.

Der Bauernschlepper hatte das Zeug, zum großen Renner zu werden. Doch der Zweite Weltkrieg machte den Konstrukteuren von Lanz einen Strich durch die Rechnung. Offiziell wurde die Produktion des Bauernschleppers aus kriegsbedingten Gründen verboten, doch es war auch klar, dass er eine Konkurrenz für den von dem Nazi-Regime geplanten Volksschlepper bedeutet hätte. 1942 konnte Lanz den 100.000. Bulldog ausliefern, dann kam die Umstellung auf Holzgasschlepper und Kriegswirtschaft.

> Der D 2416 war ein Schlepper der Mittelklasse. Er wurde von einem 24 PS starken Volldieselmotor angetrieben. Das Exemplar auf diesem Bild wurde 1958 gebaut.

Die Nachkriegszeit

Gegen Ende des Krieges wurde das Lanz-Werk in Mannheim durch Bombenangriffe zu 90 Prozent zerstört. Die Produktion wieder aufzunehmen, erforderte große Anstrengungen. 1948 war der Wiederaufbau so weit geschafft, dass täglich vier Traktoren hergestellt werden konnten. Doch es dauerte noch ein paar Jahre, bis sich Lanz von den Kriegsfolgen so weit erholt hatte, um die ganze Breite des früheren Programms wieder anbieten zu können. 1950 wurden drei so genannte Allzweck-Bulldogs angeboten: der 25 PS starke D 7506, der D 3506 mit 20 PS und der D 5506, bei dem es sich um eine Weiterentwicklung des Bauernschleppers aus der Vorkriegszeit handelte. Außerdem wurden fünf Acker-Luft- und Acker-Bulldogs im Leistungsbereich von 20 PS bis 55 PS angeboten. Als Eilbulldogs hatte man den D 2531 mit offener Kabine und den D 2539 mit geschlossener Kabine mit einer Leistung von 55 PS im Angebot.

Für Überraschung sorgte Lanz 1951 mit der Vorstellung eines Geräteträgers mit der Bezeichnung „Alldog". Der Alldog bot vier Anbauräume für Arbeitsgeräte: vorne, hinten, oberhalb des Vorderbereichs und zwischen den Achsen. Die Geräteträgeridee bestand darin, dem Landwirt die Arbeit durch die Vereinigung mehrerer Arbeitsgänge zu erleichtern. So vielversprechend der Alldog war, so sehr trug er zum Niedergang des Unternehmens bei. Einer der Gründe dafür war, dass sich die Konstrukteure für einen Benzinmotor entschlossen hatten, während sich überall im Traktorenbereich die Dieselmotoren durchgesetzt hatten.

1953 konnte das Lanz-Werk den 150.000. Bulldog ausliefern. Doch während die anderen Hersteller in ihre Traktoren mehrzylindrige Viertakt-Motoren einbauten, hielt man bei Lanz am einzylindrigen Zweitakt-Motor fest. Dies war ein strategischer Fehler, den man durch eine verstärkte Öffentlichkeitsarbeit ausgleichen wollte. Mitte der 1950er-Jahre wurde jedoch klar, dass die Selbstständigkeit des Unternehmens nicht mehr zu retten war. 1956 wurde Lanz von John Deere übernommen. 1959 konnte noch das hundertjährige Bestehen des Lanz-Werkes in Mannheim gefeiert werden. Ein Jahr später wurde der Firmenname in „John Deere-Lanz AG" geändert, und seit 1965 lautet der Name nur noch „John Deere".

Durch die Übernahme wurden nicht nur die Arbeitsplätze in Mannheim gerettet, das ehemalige Lanz-Werk wurde auch zu einem der wichtigsten Produktionsstätten von Traktoren in Europa.

Lindner

Auf dem Weg zum „Bauernfreund"

Der Tiroler Hermann Lindner war ein hervorragender Ingenieur, der im Zweiten Weltkrieg für die Luftfahrtindustrie gearbeitet hatte und damit nicht nur namensmäßig mit den Gebrüdern Eicher verbunden ist, die ja ebenfalls für die Luftwaffe als Rüstungsbetrieb tätig waren. 1946 suchte er sich ein neues Betätigungsfeld und startete mit der Produktion von Gebirgsgattersägen eine neue Karriere. Für einen regional begrenzten Markt begann sein kleines Unternehmen in Kundl zwei Jahre später mit dem Bau von Schleppern. Die ersten Modelle hatten einen verdampfungsgekühlten Einzylinder-Warchalowski-Dieselmotor oder einen Motor von Jenbacher und waren in Handarbeit gebaut worden.

1953 dann kam der Durchbruch: Hermann Lindner baute den ersten allradgetriebenen Traktor Österreichs, den L20A mit dem wassergekühlten Einzylinder-Motor des Tiroler Herstellers Jenbacher und 20 PS, und das zu einer Zeit, wo in Deutschland erst wenige Pioniere wie MAN auf dieses Pferd gesetzt hatten. Bei den schwierigen Bodenverhältnissen im gebirgigen Tirol waren Zugkraft, Wendigkeit und Geländegängigkeit besonders gefragt.

Bekannt wurden Lindners Schlepper unter der Marke „Bauernfreund". Wichtige Modelle waren die 1956 präsentierten BF 22, BF 25 und BF 35, die es sowohl mit Hinterrad- als auch mit Allradantrieb zu kaufen gab. Die Motoren kamen ab 1967 – bis heute – aus dem britischen Unternehmen Perkins oder auch aus eigener Produktion. Das Getriebe stammte von ZF Passau und wurde ab 1970 in Lizenz selbst gebaut. Mitte der 1980er-Jahre kam auch ein

Getriebe des österreichischen Konkurrenten Steyr zum Einbau. Der 1976 vorgestellte 62-PS-Schlepper Bauernfreund BF 620 S N aus der 20er-Reihe war eine kräftige und zuverlässige Lösung für mittlere Betriebe. Viele dieser Traktoren sind auch heute noch im Einsatz. Neben dieser Normalschlepper-Version (N) gab es natürlich auch eine Allradversion (A) mit 30 Prozent höherer Zugleistung. Herzstück war ein Vierzylinder-Perkins-Dieselmotor, der bei 2.250 U/min 62 PS leistete.

Ideen aus Tirol

1985 führten die Tiroler die erfolgreiche Serie 1450–1700 mit Steyr-Getrieben ein. Das waren Traktoren zwischen 48 und 70 PS, die mit Drei- bzw. Vierzylinder-Perkins-Motoren liefen. Mit einem Wendekreis von acht Metern und Allradantrieb waren sie für enges und schwieriges Gelände gut geeignet.

Mit dem Mehrzweckfahrzeug Unitrac, der in vielem an den Unimog erinnert, und der neuen Traktorenreihe Geotrac wurden in den 1990er-Jahren zwei Modellreihen entwickelt, die heute den Erfolg des Unternehmens bestimmen.

> Einer der frühesten Lindner-Schlepper ist dieses Gefährt, das mit einem offenliegenden Tank und ohne Motorhaube sehr improvisiert wirkt. Der Motor ist ein Jenbacher.

> Der Lindner Geotrac, hier beim Heuwenden in seinen heimatlichen Bergen.

Lindner gehört in Österreich zu den großen Anbietern, hat die Nase in der Klasse unter 100 PS, in der die angebotenen Traktoren liegen, sogar vorn und steigert seine Umsätze dank einer klugen Firmenpolitik weiter. Mittlerweile ist das Familienunternehmen der einzige Traktorhersteller in österreichischer Hand. Die Exportquote ist noch relativ gering, aber immerhin hat Daimler-Chrysler 2001 den Unitrac-Vertrieb in Deutschland übernommen. Sehr gut sind die Absätze im Kommunalbereich.

2002 hat der oberösterreichische Stuntman Johann Redl mit einem Lindner Geotrac 85 über 14 Kilometer in Schrägfahrt absolviert und somit steht Lindner auch im Guinness-Buch der Rekorde. Kurz darauf steuerte Redl am Flugplatz von Wels einen Geotrac 85 auf zwei Rädern durch einen Slalomparcours, der aus 14 Skodas bestand – mit einer Geschwindigkeit zwischen 30 und 35 km/h.

MAN

MAN in den 1920er-Jahren

Die älteste Dieselfabrik der Welt, die zugleich auch einer der großen Hersteller von Nutzfahrzeugen war, hätte eine Unterlassungssünde begangen, hätte sie sich nicht auch mit der Produktion landwirtschaftlicher Fahrzeuge befasst. MAN hatte schon für manches Lokomobil einen Diesel-Motor geliefert, und auf einem Bild sieht man eine größere Anzahl von Lokomobilen, die 1919 im

> Dieser Ackerschlepper AS 325 H hatte einen Vierzylinder-Motor, der bei 1.500 U/min 25 PS leistete. Er steht im MAN-Museum in Augsburg.

Nürnberger Werk auf Käufer warteten (siehe Seite 22). Der Einstieg in die Welt der Landwirtschaft war also schon einige Zeit vollzogen, als 1921 der Tragpflug vorgestellt wurde, der helfen sollte, die Versorgungslage in einer Zeit, die von Nachkriegswirren und politischen Problemen geprägt war, zu verbessern. Wir haben im ersten Kapitel schon einiges über diese Fahrzeuge gehört. Dieser Motorpflug war technisch herausragend. So stellte er sich 1922 beim Würzburger Schaupflügen seiner Konkurrenz von Hansa-Lloyd, Hanomag und Pöhl, um schließlich als schnellster mit einem halb so niedrigen Kraftstoffverbrauch als die anderen aus dem Rennen zu gehen. Der Hanomag hatte übrigens ganz schlecht abgeschnitten.

Ein sehr interessantes Gefährt war dann der Gespannschlepper, denn er hatte nicht etwa ein Lenkrad, sondern – Zügel. Man war davon ausgegangen, dass konservative Landwirte sich so nicht derartig stark umstellen mussten, wenn sie eine der gewohnten ähnliche Lenkung wiederfanden. Dieses Fahrzeug hatte einen quer liegenden Rohölmotor mit immerhin 20 PS Leistung. Doch ob es realistisch war, diesen für kleinere Bauern gedachten Schlepper mit 5.000 Mark anzusetzen, darf angesichts der geringen Kaufkraft dieser Be-

> Der AS 250 war ein hervorragender Traktor, der sich durch enorme Leistungsfähigkeit auszeichnete. Einige Exemplare wurden in Frankreich gefertigt.

völkerungsschicht – noch dazu kurz nach der Hyperinflation – doch bezweifelt werden. Da der Lastwagensektor sehr viel bessere Möglichkeiten bot, entschloss sich die Firmenleitung demgemäß sehr schnell, die Produktion von Schleppern aufzugeben; noch dazu, wo inzwischen die billigen Fordsons den deutschen Markt überschwemmten.

Der erste Dieselschlepper: AS 250

Als jedoch die Nationalsozialisten Ende der 1930er-Jahre die Produktion von Schleppern massiv förderten, war auch für MAN klar, dass sich hier eine gute Gelegenheit zum Geldverdienen bot. 1938 war es dann soweit: Der AS 250 wurde in den Einsatz gestellt. Er war der erste Dieselschlepper von MAN und gleichzeitig einer der besten seiner Zeit. Der Motor war natürlich ein Eigenbau und stammte aus dem Dreitonner-Lastwagen, den es zu Tausenden gab. Allerdings wurde die Leistung gedrosselt und auf 50 PS bei 1.500 U/min eingestellt. Dieser Motor war noch ziemlich neu und hatte einen Kugelbrennraum im Kolben und direkte Einspritzung. Verbrauch, Kaltstartvermögen und günstiges Drehmoment waren seine Trümpfe. Mit vier, später fünf Gängen

> Besonders für den Einsatz bei schweren Holzarbeiten, bei denen es auf Standfestigkeit und hohe Zugkraft ankommt, ist der Allradantrieb sehr hilfreich.

waren Geschwindigkeiten zwischen vier und 20 km/h und außerordentliche Zugleistungen möglich. Außerdem gab es eine Zapfwelle. Der Schlepper war in Blockbauweise gefertigt. Der bedeutsamste Unterschied im Vergleich zu den meisten anderen Schleppern war die gefederte Schwingvorderachse. Das Erscheinen dieses Schleppers erregte bei den Kunden Aufsehen und bei den Konkurrenten Besorgnis.

Der Krieg machte den Planungen der Großserie ein Ende. Jetzt gab es für MAN andere Aufgaben. Ein Versuch, die Schlepper nach dem Sieg über Frankreich bei dem bekannten Schlepper- und Lastwagenfabrikanten Latil zu bauen, war nicht lange erfolgreich. MAN profitierte aber von dem Wissen der Franzosen um die Technik das Allradantriebs und der Vierradlenkung. Latil-Schlepper mit MAN-Motor wurden auch gebaut. Dank des Einflusses auf wichtige Funktionsträger in der Landwirtschaftspolitik konnte MAN noch bis Herbst 1944 weiter seine Schlepper bauen. Die anderen waren längst am Produzieren von Holzgasschleppern. MAN folgte erst später. Da alle Produktionsanlagen für Schlepper bei Latil aufgebaut waren, stand MAN nach dem erfolgreichen Vormarsch der Alliierten plötzlich ohne Maschinen da.

Völliger Neuanfang nach dem Krieg

Unter den gegebenen Umständen blieb nichts anderes übrig, als eine komplett neue Schlepperindustrie aufzubauen. Man hatte erkannt, dass jetzt kleinere

> Der MAN 4R2 wurde zwischen1957 und 1960 gebaut. Sein Vierzylinder-Motorbesaß einen Hubraum von 3.924 ccm und eineLeistungsstärke von 40 PS.

Schlepper gefragt waren, denn die deutschen Gebiete mit großflächiger Landwirtschaft lagen in der sowjetischen Besatzungszone oder unter polnischer Verwaltung. Als Absatzmarkt schieden sie aus. Mit dem AS 325 versuchte MAN, die richtige Antwort zu geben. Der Vierzylinder-Dieselmotor arbeitete nach dem „G"-Verfahren mit Kugelbrennraum im Kolben und Direkteinspritzung. Die Leistung von 25 PS wurde bei 1.500 U/min im Dauerbetrieb erreicht. Zur Ausstattung gehörten eine Riemenscheibe, Mähwerksantrieb, Zapfwelle, Differentialsperre und eine Vorderachsfederung. Vor allem aber war es der optionale, von Latil „gelernte" Allradantrieb, der diesen Schlepper so bedeutend macht als einen der Pioniere dieser Antriebsart. Die Zugkraft mit Allrad konnte gegenüber dem Hinterradantrieb um 300 kg erhöht werden. 1949 eröffnete dieses Fahrzeug unter dem Namen „Ackerdiesel" die Reihe herausragender Schlepper, die diesen Beinamen zum Gütesiegel machten.

In Nürnberg wurden die ersten Schlepper gebaut. Ein wichtiger Vorteil der Traktorbauer war, dass sie sich gleich zu Beginn auf das bewährte Vertriebs- und Servicenetz der Nutzfahrzeugsparte verlassen konnten. Zudem genoss man mit diesem guten Namen bei vielen schon gleich einen Bonus. Auch im Ausland war MAN stark, zum Teil exportierte man fast mehr über die Grenze als man an die deutschen Kunden verkaufte. Motorenseitig war das neue „M"-Verfahren eine wichtige Neuerung, das sparsam, ruhig und leistungsfähig arbeitete. Ein reiches Zubehör steigerte den Wert des Schleppers.

> Der sensationelle Höhepunkt der letzten Schleppergeneration von MAN war das Modell 4 R 3. Auffallend war der niedrige Schwerpunkt dieses Schleppers. Der Motor leistete 45 PS.

Als Kuriosum gilt der AS 718 A, ein 18-PS-Bauernschlepper, den die süddeutsche Motorenfirma mit der gütigen Hilfe der Nordbayern aus Aschaffenburg (Güldner), nämlich unter Einbau von deren Zweizylinder-Motor produzierte.

Umzug nach München

Da Nürnberg schnell an seine Kapazitätsgrenzen kam, wurde in München-Allach ein weiteres Werk gegründet, auf das ab 1955 der Schlepperbau überging. 1955 trat man mit Hinterradmodellen zu 13, 18 und 24 PS auf dem stark umkämpften Markt günstigerer Modelle an. Alle drei waren Zweizylinder-Modelle, was etwas ungewöhnlich ist. Niemand sonst bot einen Zweizylinder mit nur 13 PS an. Diese Fahrzeuge waren als Tragschlepper mit einer Wespentaille konstruiert worden, um den Käufern die Gelegenheit zu geben, im Zwischenachsraum Geräte anzubauen.

Mehr für den Chronisten als für den Kunden war der schnelle Wechsel von Modellen ein Problem. Die Motoren- und Fahrzeugentwicklung ging weiter und natürlich hatte MAN den Ehrgeiz, die optimale Lösung an den Mann zu bringen. Der Kunde kannte einfach die Leistungsbezeichnung, die PS-Zahl und noch das M-Zeichen auf der Kühlerverkleidung. Wenn man allerdings den Produktionszeitraum sieht, dann staunt man, wie viele Modelle in den Jahren zwischen 1950 und 1962 herausgebracht worden sind. Solch eine Produktion wird nie die Preise schaffen, mit welchen der Kunde zufrieden ist, doch viele wussten, dass sie mit den höheren Kosten auch eine bessere Qualität einkauften.

Neben den Ackerschleppern gab es – ähnlich wie zum Beispiel bei Hanomag und Lanz – auch Modelle, die primär als Straßenzugmaschinen eingesetzt werden sollten. Dafür gab es als Sonderausstattung eine Fahrerkabine und einen zusätzlichen Schnellgang. Der 40-PS-Traktor AS 440 und sein Nachfolger, der C40 waren hierfür prototypisch. Das größte Modell seiner Zeit war der B 45 A mit 45 PS. Er wurde nur noch durch den 4 R 3 erreicht, der von 1961 bis zur Einstellung der Schlepperproduktion gebaut wurde. Die wirklich größten Modelle waren allerdings 2 S 1, 4 S 1, 2 S 2 und 4 S 2 mit 50 PS. Rückgrat des Programms waren jedoch die Mittelklasseschlepper zwischen 18 und 32 PS. Alle diese Fahrzeuge gab es sowohl mit Allrad- als auch mit Hinterradantrieb. Ersterer dominierte allerdings in den Auftragsbüchern. Die Konzeption des Allradantriebs war gelungen, doch hätte man mit größeren Vorderrädern – wie sie dann beim MB-trac verwendet wurden, bedeutend größere Vorteile für sich verbuchen können.

Augenfälligstes Merkmal der Baureihen ab 1960 war die schick gestaltete, nach vorn und zum Fahrer hin sich verjüngende Motorhaube, die den Eindruck der Wespentaille verstärkte. Ab 1961 gab es ein neues Bauprogramm mit drei Grundtypen: mit 28, 35 und 45 PS. Nun war man zum rationelleren Baukastensystem übergegangen. Der Durchbruch in die Spitzengruppe blieb MAN jedoch verwehrt. Am 3. August 1962 war man mit Mannesmann als Mutter der Porsche-Diesel übereingekommen, die Fertigungsprogramme aufeinander abzustimmen. Im Klartext hieß das: MAN liefert an Porsche-Diesel die begehrten M-Motoren aus Nürnberg und das Allradgetriebe aus München. Die Ersatzteilversorgung wurde zusammengelegt und die Verkaufsstellen wurden ebenfalls koordiniert. Damit war MAN als eigenständige Schleppermarke ausgestiegen. Der Mythos MAN wird unter den Freunden von Oldtimer-Schleppern jedoch noch lange weiterleben.

Massey Ferguson

Daniel Massey (1798-1856) war ein Farmer und gelernter Schmied in Newcastle in der kanadischen Provinz Ontario. 1847 machte er sich mit einer Reparaturwerkstatt für landwirtschaftliche Geräte selbstständig. Aus der Werkstatt wurde bald ein Betrieb, in dem eigene Maschinen und Gerätschaften produziert wurden. Eine andere Person, die sich mit der Reparatur und Herstellung von landwirtschaftlichen Geräten den Lebensunterhalt verdiente, war Alanson Harris (1816-1894), der in Brantford, ebenfalls in Ontario, einen Betrieb aufgebaut hatte. Beide Unternehmen expandierten schnell und waren sogar auf internationalen Ausstellungen vertreten. Doch sie lagen sich geografisch zu nahe und waren sich zu ähnlich, um gut miteinander auszukommen. Man sprach vom „Mähbinderkrieg“, der zwischen den beiden Firmen ausbrach

> Dieser MF 8280 bringt es bei einer Nenndrehzahl von 2.000 U/min auf 242 PS. Ein Vertreter dieses Typs schaffte es, den Weltrekord im Pflügen aufzustellen.

und der schließlich 1891 zur Vereinigung der Rivalen unter dem Firmennamen Massey-Harris führte.

Ende des Ersten Weltkriegs versuchte Massey-Harris ins Traktorgeschäft einzusteigen, zuerst durch den Import von Traktoren, dann durch Lizenz-Fertigung, jedoch ohne Erfolg.

Ein neuer Anlauf wurde 1927 mit dem Kauf der J.I.Case Plow Works Company im amerikanischen Bundesstaat Wisconsin unternommen. Dieses Unternehmen war zwar auch von Jerome Increase Case gegründet worden, war aber nicht mit der anderen Firma namens Case identisch, die heute ein Teil von Case New Holland ist. Was den Kauf für Massey-Harris interessant machte, waren zum einen die Wallis-Traktoren, die von J. I. Case Plow Works hergestellt wurden, zum anderen stellte das Werk am Michigansee einen Stützpunkt im US-amerikanischen Markt dar. Der erste Traktor, den Massey-Harris infolge dieser Vereinigung zu produzieren begann, war der frühere Wallis 20-30, der nun MH 20-30 hieß. Dieses Modell war mit einem Vierzylinder-Motor ausgestattet und konnte eine Maximalleistung von immerhin 35 PS erbringen.

Das erste Modell, das nicht zugekauft, sondern im eigenen Haus entwickelt wurde, war der MH 101, den es in mehreren Ausführungen gab und der bis 1946 produziert wurde. Wahlweise konnte der MH 101 mit einem Sechszylinder-Motor von Chrysler geliefert werden.

Ungefähr um die gleiche Zeit, als Massey-Harris den MH 101 zu produzieren begann, hatte der englische Traktorenkonstrukteur Harry Ferguson seine

Zusammenarbeit mit Henry Ford begonnen. Die Geschäftsverbindung war jedoch von Anfang an von Unstimmigkeiten geprägt, und als Henry Ford starb, kam es zum großen Zerwürfnis. Dies war sowohl für Massey-Harris als auch für Ferguson die Gelegenheit, eine neue Partnerschaft einzugehen. 1953 kaufte Massey-Harris Fergusons Betrieb in England auf, und es kam zur Gründung des Unternehmens Massey-Harris-Ferguson. Doch innerhalb eines Jahres schied Ferguson wegen Unstimmigkeiten wieder aus dem Unternehmen aus. Der Firmenname blieb jedoch bestehen und wurde bald in Massey Ferguson geändert.

In Deutschland war Massey-Harris mit dem Vertrieb von landwirtschaftlichen Maschinen schon früh präsent gewesen. Ein Werk zur Produktion von Ersatzteilen wurde während des Ersten Weltkriegs in Berlin errichtet, 1927 wurde ein neues Werk in der Nähe von Köln gebaut. An den Traktorenbau in Deutschland hatte man sich jedoch nicht gewagt. Nach dem Zweiten Weltkrieg waren aber Fergusons Traktoren auf den deutschen Markt gekommen. Mit dem Zusammenschluss der beiden Unternehmen wurden nun auch die Ferguson-Traktoren im Händlernetz von Massey-Harris mit vertrieben. Dazu gehörten die Modelle TED und TEF. 1957 wurde die Modellpalette vereinheitlicht. Der frühere Ferguson TO-30 wurde zum MF TO-30 und deckte den unteren Leistungsbereich ab. Der MF 65 war für den mittleren Leistungsbereich

> 1995 trat Massey Ferguson mit der 8100er-Serie auf den Markt. Ein Jahr später gewann diese Reihe den angesehenen AE50-Preis für die Technologie und den Fahrkomfort.

> 90 PS hat dieser MF 4345 mit seinem vierzylindrigen Perkins-Motor. Der moderne Standardtraktor wurde im Jahre 2003 gebaut.

zuständig. Um noch stärkere Traktoren anbieten zu können, musste Massey Ferguson Modelle von anderen Herstellern hinzukaufen, wie den GVI von Minneapolis-Moline. Dass die Traktoren von Massey Ferguson auch unter extremen Bedingungen funktionieren, zeigte der neuseeländische Forscher Sir Edmund Hillary, als er im Januar 1958 mit drei MF-Traktoren den Südpol erreichte. Einer dieser Traktoren ziert heute noch die neuseeländische Fünf-Dollar-Banknote. Kaum eine andere Traktormarke kann wohl von sich behaupten, auf einem Geldschein präsent zu sein.

Massey Ferguson expandierte schnell. 1959 kam es zum Zusammenschluss mit der Perkins-Gruppe, dem weltweit größten Hersteller von Dieselmotoren. Ein Jahr später wurde der italienische Traktorenproduzent Landini gekauft. Auch in Deutschland verstärkte MF seine Präsenz. 1970 wurde Massey Ferguson Teilhaber der Eicher Traktoren und Landmaschinen GmbH. 1974 erfolgte die Übernahme des angeschlagenen Hanomag-Werks. Doch schon 1980 musste MF Hanomag wieder abstoßen. Der kanadische Konzern war mittlerweile selbst zum Sanierungsfall geworden und hatte erhebliche Verluste eingefahren. 1982 erfolgte auch der Ausstieg aus dem Eicher-Engagement, und sieben Jahre später mussten die Landini-Anteile verkauft werden.

Wie die meisten anderen Traktorproduzenten konnte auch Massey Ferguson, angesichts des stagnierenden Landmaschinenmarktes und der ständig steigenden Entwicklungskosten nur mit Hilfe eines starken Partners überleben.

> Der MB-trac war der äußerst erfolgreiche Einstieg vom Mercedes-Benz in den modernen Schlepperbau. Augenfällige Besonderheiten waren seine vier gleich großen Räder und die drei Anbauräume vor und hinter dem Schlepper sowie hinter der Kabine.

Dieser Partner tauchte 1991 in Gestalt der amerikanischen AGCO-Gruppe auf, die den Traktorhersteller übernahm. Massey Ferguson fand sich bald unter einem Dach mit solch illustren Marken wie Fendt, Valtra und Challenger.

Massey Ferguson bietet heute Traktoren in zehn Baureihen in einem Leistungsbereich von 20 bis 400 PS an. Die Motoren der größeren Modelle stammen von Perkins und SISU. Die Technik lässt keine Wünsche offen, so dass auch in Zukunft die roten Traktoren, die nach Massey und Ferguson benannt sind, über die Straßen und Felder rollen werden.

Mercedes-Benz

Die Allrad-Sternträger aus Gaggenau

Während wir den Unimog als einen Sonderfall nicht behandeln können, wird ein anderes Fahrzeug von Mercedes-Benz jetzt unsere verdiente Aufmerksamkeit bekommen: der MB-trac, der ebenfalls im Werk Gaggenau produziert wurde. Das Konzept war klar: Allradantrieb, vier gleich große Räder, drei Anbauräume (vor, hinter und auf dem Fahrzeug), Zwei-Wege-Steuerung. Andere Modelle dieser Bauart gab es von Deutz (In-trac) oder Kramer. Fendt folgte erst viel später mit dem Xylon, als Mercedes-Benz den Bau eingestellt hatte. Die Notwendigkeit, mehrere Arbeitsgänge in einem zu erledigen, konnte mit dem Trac problemlos bewältigt werden. Kraftstoff und vor allem die kostbare Zeit wurden gespart. Außerdem dankte es der Boden, wenn man ihn nicht so häufig befuhr.

Fünf Jahre Planung und Testen brachten ein ungewöhnliches Fahrzeug hervor. Die wuchtigen, kantigen MB-tracs wurden von 1972 bis 1991 gebaut. Das kleinste Modell war der MB-trac 65/70 mit 65 PS und wassergekühltem Vierzylinder-Motor. Er wurde bis 1976 gebaut, bis man daran ging, stärkere Brüder dieses Modells zu entwickeln. Der neue Kleinste war nun der MB-trac 700. Wie auch bei den anderen Typen unter 90 PS, waren die Achsen als Portalachsen konstruiert. Damit wurde eine größere Bodenfreiheit sichergestellt.

Die größeren Modelle MB-trac 1000, 1100, 1300 und 1500 hatten einen Sechszylindermotor und einen Hubraum von 5.675 cm^3. Selbstverständlich waren die Triebwerke aus dem Hause Daimler, durchzugfreudige Direkteinspritzer, die Modelle 900, 1100, 1300 und 1500 waren mit einem zusätzlichen Turbolader ausgerüstet.

Modellerweiterungen und Ende

1987 wurde die Modellpalette neu aufgestellt. Den 1500 stellte man zugunsten des 1400 turbo und des 1600 turbo ein. 1991, ein Jahr vor Einstellung der MB-trac-Produktion, präsentierten die Schwaben den 1800 intercooler. Dieser Schlepper hatte 180 PS, 5.958 cm^3 und Planetenachsen. Insgesamt wurden 41.000 MB-tracs verkauft. War er früher wegen seines Aussehens oft bespöttelt worden, so hat sich heute eine Fangemeinde gebildet, die auf ihren Mercedes-Benz schwört. Doch letztendlich lag es wohl am Preis, der vielen zu hoch war. So lief am 17. Dezember 1991 der letzte MB-trac vom Band. Auch Versuche, mit Deutz eine Entwicklungskooperation in Sachen Trac einzugehen, scheiterten letztlich.

Das System der gleich großen Räder setzte übrigens schon 1907 der erste Traktor mit Allradantrieb ein, den Deutz gebaut hatte. Eicher hat in den 1950er-Jahren mit seinen Allradschleppern gleich gedacht. Die Konstruktion mit vier gleich großen Rädern überzeugte dadurch, dass eine Voreilung der Vorderräder vermieden wurde und kein Zwangsschlupf auftrat. Viele Landwirte reagierten allerdings eher zurückhaltend. Dennoch: In dieser Zeit hatte man den Multipass-Effekt, also wenn die Hinterräder exakt in der Spur der Vorderräder fahren, als Boden schonend und Sprit sparend gesehen. Heute hingegen hat man die Gefahren der Bodenverdichtung erkannt.

Die Vorderachse war gefedert. Der Fahrzeugaufbau ruhte auf einem stabilen U-Profil-Stahlrahmen mit eingeschweißten Rohrquerträgern. Dieser Rahmen konnte stärkste Kräfte problemlos aufnehmen. Auch ein Frontlader konnte einfach an die selbst zentrierenden Rahmenpunkte angeschraubt werden. Die starken Stahlachsen waren für hohe Lastwerte und schwere Anbaugeräte ausgelegt.

> Die Traktoren von New Holland ersetzten die Fiat-Schlepper. Sie übernahmen auch das Blau der Turiner, wie dieses 110 PS starke Modell aus der TS-Reihe zeigt.

Die Fahrerkabine ist in die Mitte des Fahrzeuges gesetzt worden. Dadurch hatte man hinten Platz für Aufbauten und genoss eine gute Rundumsicht. Diesem Konzept entgegengesetzt war das der Geräteträger, die ihren Aufbauraum vor der Kabine hatten. Weiter war die Kabine dreipunktgelagert, gut isoliert und ergonomisch gebaut. Die Qualität der Fahrzeuge hatte sich auch bei den MB-tracs bewährt. Die ganze Erfahrung aus dem Kfz-Bereich, vom Motor über das vollsynchronisierte Getriebe bis hin zum Komfort, konnte auch in der Landtechnik brillieren. Lenkhydraulik und hydraulische Vierradbremse sorgten für sicheres und komfortables Fahren.

Der MB-trac war ein ungewöhnlicher Schlepper, der sich nicht in die herkömmlichen Kategorien einpasste. Damit zeigt er seine Verwandtschaft zum Unimog, der ja am gleichen Standort produziert wird.

New Holland

Ford übernahm 1985 New Holland, einen Hersteller landwirtschaftlicher Geräte. 1987 folgte die kanadische Firma Versatile, die Großtraktoren herstellte. Doch trotz dieser Zukäufe wurde bekannt gegeben, dass sich Ford wegen der Rezession der 1980er-Jahre aus dem Traktorengeschäft zurückziehen wolle.

Ein Käufer fand sich bald. 1991 übernahm Fiat 80 Prozent der Aktien, drei Jahre später ging die Ford New Holland ganz in den Besitz des Fiat-Konzerns über. Den Namen Ford nutzte Fiat noch einige Jahre, nach und nach wurden die Traktoren aber dann unter dem Markennamen New Holland vertrieben.

New Holland hatte vor dem Zusammenschluss mit Ford nichts mit dem Bau von Traktoren zu tun. Das Unternehmen entstand 1894 als Reparaturwerkstätte in dem kleinen Dorf New Holland im östlichen Pennsylvania. Das Geschäft lief gut, denn bald nahm man auch die Produktion landwirtschaftlicher Geräte mit ins Programm auf, wie zum Beispiel die ab 1940 gebaute Heuballenpresse. 1947 wurde der Betrieb von der Sperry Corporation übernommen und hieß nun Sperry New Holland. Nach der Vereinigung mit Ford und Fiat wurden manche Serien sowohl unter dem Namen Ford New Holland als auch unter dem Namen Fiat angeboten. Später wurde der Markenname Ford fallen gelassen, und die blauen Traktoren hießen nur noch New Holland, während die roten Versionen als Fiat verkauft wurden. Nach dem Zusammenschluss mit Case IH zu Case New Holland tauchte auch der Name Fiat nicht mehr auf den Traktoren auf.

Normag

Ideenreichtum aus dem Harz

Als um 1936 der erste Traktorboom einsetzte, waren viele arrivierte Maschinenbauunternehmen bereit, sich mit dem Bau eigener Modelle zu befassen. Der Nutzfahrzeughersteller Deuliewag (Deutsche Lieferwagen-Gesellschaft) versuchte sein Glück ebenso wie die Landmaschinenfabrik Fahr, die Motorenfabrik Schlüter oder der Sägenhersteller Wahl. Auch der Fabrikant von Bergbaumaschinen und ab 1930 landwirtschaftlichen Geräten, so einem Rohöl-Ackerschlepper, die Nordhäuser Maschinenbau AG, begann mit der Produktion von Schleppern. 1937, als das erste Modell vorgestellt wurde, hatte man sich in „Normag“ umfirmiert. Nach dem Krieg wurden die Schlepper unter dem Namen Normag-Zorge verkauft. Zorge war der Sitz des Unternehmens nach dem Krieg, denn Nordhausen lag in der sowjetischen Besatzungszone und dort war die Reparationspolitik so drastisch, dass ganze Fabriken systematisch in die UdSSR transportiert wurden.

Der erste gebaute Dieselschlepper war 1937 der NG22 mit einem 22-PS-MWM-Zweizylinder-Motor. Er konnte innerhalb eines Jahres mehr als tausendmal verkauft werden. Das lag natürlich auch an den technischen Besonderheiten, die dieser Traktor zu bieten hatte, unter anderem die gefederte Pendelschwingvorderachse, die bewegliche Anhängevorrichtung und die breite Sitzbank, auf der noch ein Beifahrer sehr viel Platz fand. Auch elektrische Beleuchtung, Riemenscheibe und Zapfwelle gehörten zu dem in Block-

> Dieser Normag NG 22 stammt aus dem Jahr 1938 und ist mit einem 22 PS starken Motor von Viertakt-Motor von MWM ausgestattet. Er steht im Deutschen Landwirtschaftsmuseum Hohenheim.

bauweise gefertigten NG22, auf Wunsch war sogar noch ein Fahrerhaus erhältlich.

Wie viele andere Hersteller, baute auch Normag einen Holzgasschlepper, den NG25 mit MWM-Motor und Prometheus-Getriebe. Schon kurz nach Kriegsende und der eiligen Flucht nach Zorge konnten wieder Traktoren hergestellt werden. Der NG23 war in vieler Hinsicht noch improvisiert und stellt eine Art Nachfolger des NG22 dar, von dessen Konstruktion vieles übernommen worden war. Neu und wegweisend war die Zwischenachsanbaumöglichkeit, ein Feature, das die anderen Anbieter erst fast zehn Jahre später zu bieten hatten.

In Hattingen im Ruhrgebiet errichtete Normag ein Zweigwerk, das ab 1947 die Motoren für die Schlepperproduktion in Zorge lieferte. Der erste mit einem solchen Motor bestückte Schlepper war der NG23K. Es war ein 25-PS-Zweizylinder-Motor mit 2.360 cm^3. Ab 1949 folgten in rascher Folge neue Modelle, die die Produktpalette ergänzten bzw. neu aufstellten. Die Modelle mit 15,

> Dieses hervorragend restaurierte Modell ist ein Faktor II mit 20 PS. Normag baute diesen Typ zwischen 1952 und 1954.

20 (später 22) und 28 PS wurden als Faktor I, II und III bezeichnet. Sie waren ab 1952 auf dem Markt. Auch ein 10-PS-Kleinschlepper (C 10) und ein 45-PS-Riese, der NG45 wurden entwickelt.

Interessante Neuerungen waren bei Normag unter anderem eine vordere Zapfwelle oder ein pneumatischer Patent-Kraftheber, dessen Druckluft auch zum Befüllen der Reifen verwendet werden konnte oder zum Kippen und Bremsen von Anhängern hilfreich war. Das bedeutete einen klaren Vorteil gegenüber der Konkurrenz. Die geistigen Väter der Schlepper, Walter Koenig und Hans Zödler, hatten außerdem immer einen Blick darauf, Anbaugeräte mit den eigenen Fahrzeugen kompatibel zu halten.

Der Kornett und das Ende

Als die Erfolge von Eicher und Deutz die Landwirte von luftgekühlten Traktoren träumen ließen, überlegte sich auch Normag, wie man diesen Trend für sich nutzen könnte. Das Ergebnis war die Kornett-Reihe, die 1954 aus dem Kornett I (12 PS) und Kornett II (18 PS) bestand. Beide Schlepper waren als kleine Bauernschlepper konzipiert, die den kleineren Höfen den Einstieg in die Motorisierung ermöglichen sollten. Leider kam es bei den Motoren recht häufig zu Störungen. Auch die weitere Geschichte des Unternehmens Normag

> Dieser Primus mit 20/24 PS stammt schon aus Miesbach, der Produktionsstätte, die man im Krieg gefunden hatte.

litt ab Mitte der 1950er-Jahre unter solchen. Der Absatz sank, 1956 wurde man von O&K aufgekauft und ein komplett neues Programm wurde aus dem Boden gestampft. Eine verwirrende Vielzahl von Typen entstand, die zu produzieren sehr teuer war. Letztlich konnte dieser letzte Versuch, sich zu behaupten, nicht verhindern, dass 1957 die letzten Schlepper bei Normag gebaut wurden. Zum Jahresbeginn 1958 war die Ersatzteilversorgung der Normag-Kunden von Porsche-Diesel übernommen worden. Das Kapitel der Normag-Traktoren war damit nach 25 Jahren beendet. Insgesamt hatten die Harzer etwa 28.000 Schlepper hergestellt. Unter Traktorfreunden werden sie heute als Liebhaberstücke hochgeschätzt.

Primus

Ponys und Packesel

Vor dem Krieg hatte die 1932 in Berlin gegründete Primus Traktorengesellschaft ein paar technisch herausragende Schleppermodelle in den Leistungsstärken zwischen elf und 22 PS entwickelt. Zu Beginn waren es Straßenschlepper, die, wie der „Packesel“ P 18, einen sehr guten Ruf hatten.

> Der in Berlin gebaute P 22 war ein Standardschlepper mit Zweizylinder-Motor von Deutz, wie er in der Zeit um sein Baujahr 1940 bei vielen anderen Herstellern im Programm war.

Mit dem P 11 „Pony“ versuchte man, dem legendären Deutz-Bauernschlepper Paroli zu bieten und schaffte das auch zumindest in technischer Hinsicht. Da Berlin als ausgemachtes Hauptziel alliierter Bombenangriffe diente, war der Besitzer von Primus, Johannes Köhler, dazu gekommen, im oberbayerischen Miesbach in der Nähe von Rosenheim ein Zweigwerk zu eröffnen.

Dort wurde der P 11 weiterproduziert. Außerdem experimentierte Primus mit einem Elektroantrieb, der allerdings dann zugunsten der allgemein übernommenen Holzgastechnik wieder aufgegeben wurde. Eines stand aber fest:

Primus war in der technischen Entwicklung wirklich einer der Ersten. So hatte man schon früh das Konzept des Geräteträgers als zukunftsweisend erkannt, doch verhinderte der Weltkrieg weitere Schritte in diese Richtung.

Mit dem P 22 durch die Stunde Null

Bereits 1938 war der P 22 auf den Markt gekommen und hatte sich schnell zu einer wichtigen Stütze im Programm von Primus entwickelt. Mit diesem Modell begann auch die Nachkriegsproduktion. Das Unternehmen war nun völlig nach Miesbach verlegt worden. Die Berliner Werkstätten hatten die Russen kassiert. Schon 1946 wurde der erste Nachkriegs-P-22 montiert. Er entsprach weitgehend dem Vorgängermodell, allerdings war der Getriebe-Partner Prometheus nicht mehr zu erreichen, deshalb wechselte Köhler zur Zahnradfabrik Friedrichshafen. Der wassergekühlte Motor kam vom MWM. Die charakteristische runde Kühlerverkleidung und das kreisrunde Firmenlogo auf der rechten vorderen Seite waren wieder Markenzeichen, die auf Straße oder Acker das Kommen eines Primus anzeigten.

Ende 1949 gelangten die ersten Neukonstruktionen seit Kriegsende zur Serienreife: Der P 15 war als robuster Kleinschlepper konzipiert und der P 28 sollte – erstmals mit firmeneigenem Motor! – die Aufgaben eines Universalschleppers erfüllen. In dieser Zeit hatte das Zweigwerk in Worms dieselben Modelle gebaut. Der dortige Leiter Titus war ein alter Vertrauter, doch nach Reibereien spaltete sich Titus ab und montierte weiter die Primus-Traktoren, allerdings jetzt unter dem Namen Titus. Probleme mit stornierten Exportaufträgen und die Kosten der Planung und Herstellung waren schuld, dass Primus in eine finanzielle Schieflage geriet. Johannes Köhler starb von Sorgen fast zerfressen. Eine Zeitlang versuchte das Werk, auch ohne ihn wieder auf die Erfolgsspur zurückzufinden. Die Schlepper der neuen PD-Reihe waren hervorragende Konstruktionen, doch letztendlich hatten die großen Anbieter einfach die Nase vorn. 1958 war das Ende für Primus gekommen.

Renault

Am 25. Juni 1899 gründete Louis Renault (1877–1944), der sich für alles Technische interessierte, zusammen mit seinen Brüdern Fernand und Marcel ein Unternehmen in dem Pariser Vorort Billancourt. Das Interesse der Brüder galt in erster Linie den Autos, aber der Einstieg in die Produktion von Nutzfahrzeugen blieb nicht lange aus. Zuerst kamen Lastwagen, Zugmaschinen, ein Omnibus, und als der Erste Weltkrieg ausbrach, ging man zur Produktion von Panzern über.

Basierend auf den Erfahrungen im Panzerbau und unterstützt von zinslosen Krediten der französischen Regierung, wurde nach dem Krieg der erste

> Mit einem luftgekühlten, Dreizylinder-Motor von MWM ist dieser Renault 7050 aus den 1960er-Jahren ausgestattet.

Traktor konstruiert. Der GP, wie er genannt wurde, war mit einem Vierzylinder-Benzinmotor ausgerüstet, konnte eine Leistung von 30 PS erbringen, wurde mit einem Steuerhebel gelenkt und fuhr auf Raupen. Erst eine spätere Version wurde mit Rädern versehen.

Den ersten in größerer Stückzahl produzierten Traktor mit Dieselantrieb bot Renault ab 1933 zum Kauf an. Der gelb und grau lackierte VY wurde von einem 30 PS starken Vierzylinder-Motor angetrieben. Sowohl vor als auch nach dem Zweiten Weltkrieg besaß Renault in Frankreich die Führerschaft auf dem Traktorenmarkt. Anfang der 1960er-Jahre versuchte das mittlerweile verstaatlichte Unternehmen seine Präsenz auf dem deutschen Markt zu verstärken. Eine Möglichkeit dazu bot sich mit der Übernahme des Ersatzteillagers von Porsche-Diesel in Friedrichshafen am Bodensee nach der Aufgabe der dortigen Traktorproduktion. Die nun gegründete Porsche-Diesel-Renault-Vertriebsgesellschaft sollte ehemalige Porsche-Diesel-, MAN- und Normag-Kunden mit Ersatzteilen beliefern und über das Händlernetz Renault-Traktoren verkaufen. Die Hoffnung der Renault-Strategen erfüllte sich jedoch nicht, so dass wenige Jahre nach der Gründung die Vertriebler in Deutschland Porsche-Diesel wieder aus ihrem Firmennamen verschwinden

> Ein Renault 551 mit Baujahr 1977 beim Heuwenden im Allgäu. Der Motor des Traktors hatte drei Zylinder und erzielte eine Leistung von 55 PS.

ließen. Auch in den nächsten Jahren blieben die Erfolge auf dem deutschen Traktormarkt sehr mäßig. Über einen Marktanteil von mehr als ein paar Prozent kam der Pariser Konzern nicht hinaus.

Dabei zeigten die Konstrukteure von der Seine, dass sie technisch durchaus mit der Konkurrenz mithalten konnten. Zu den Innovationen gehörten die Unterlenker-Regelhydraulik Tracto-control und das Selbstsperrdifferential Blocmatic, um nur ein paar Beispiele zu nennen. Dass Renault zum Wandel fähig war, zeigte sich auch äußerlich mit der Änderung der Schlepperfarbe von Rot zu Orange-Ocker.

Die 1980er-Krisenjahre gingen an Renault nicht vorüber. Nach fallenden Umsätzen entschloss sich Renault seinen Landmaschinensektor unter dem Namen Renault Agriculture S.A. auszugliedern. Auf sich alleine gestellt, schaffte die neue Firma die Wende. Doch die Erwartung war immer gewesen, von einem stärkeren Partner aufgekauft zu werden. 2003 trat dies ein, als Renault Agriculture von dem ebenfalls im Landmaschinenbereich tätigen deutschen Unternehmen Claas übernommen wurde.

Schlüter

Die Schlüter-Werke galten viele Jahre lang als wirtschaftliches Wahrzeichen der Stadt Freising, wie sonst kaum ein anderes Unternehmen – von der Brauerei Weihenstephan abgesehen. Dabei war Anton Schlüter, der Gründer des Unternehmens, gar kein bayerisches Urgestein, sondern stammte aus dem

Sauerland und gelangte nach den Wanderungen seiner Jugendzeit nach Freising, wo er heiratete. Nach mehreren Versuchen in verschiedenen unternehmerischen Bereichen ließ er sich in München nieder und gründete eine Reparaturfirma für Brauerei- und Druckmaschinen. Die Gelegenheit, in die Motorenfertigung einzusteigen, ergab sich 1905 mit der Übernahme einer in finanzielle Schwierigkeiten geratenen sächsischen Motorenfabrik. Da Schlüter nicht mit seiner Familie nach Sachsen ziehen wollte, wurde die Fertigung nach München in die Balanstraße verlegt.

Eine weitere Möglichkeit der Expansion ergab sich 1911 mit dem Aufkauf einer Eisengießerei in Freising. Wenige Jahre später wurde in Freising mit dem Bau einer dritten Fabrik begonnen, die 1917 fertig gestellt und schließlich das eigentliche Schlüterwerk werden sollte.

Beginn der Traktorproduktion

Der Einstieg in die Traktorproduktion erfolgte bei Schlüter relativ spät. Es waren zunächst landwirtschaftliche Maschinen und Dieselmotoren, die das wirtschaftliche Rückgrat der Schlüterwerke darstellten. Unter anderem lieferte Schlüter auch Diesel-Lokomobile, die in der Landwirtschaft für den Dreschbetrieb eingesetzt wurden. Die zuverlässigen Schlüter-Motoren waren geschätzt. 1937 war es dann soweit: Der erste Schlüter-Traktor wurde unter

> Das Freisinger Wappentier, das dieser Schlepper auf seiner Motorhaube hat, wurde zum Symbol und Programm für Schlüter: Bärenstark sollten die Traktoren aus dem Hause Schlüter sein.

> Der Super 950 V wurde ab 1967 produziert. Mit seinen 90 PS gehörte er zu den Großtraktoren der damaligen Zeit.

der Bezeichnung DZM der Öffentlichkeit vorgestellt. Der DZM war ein in Rahmenbauweise gefertigter Traktor und war mit einem 14 PS starken liegenden Kaltstartmotor ausgerüstet. Bald nach Produktionsbeginn wurde die Leistung auf 15 PS erhöht. Einen weiteren Sprung in einen höheren Leistungsbereich stellte der DZM 25 dar, dessen Fertigung schon bald nach dem 14-PS-Traktor begann. Bei dem 25 PS starken Modell war bereits zur Blockbauweise übergegangen worden. Bei allen Typen der DZM-Reihe war offensichtlich, dass Anleihen aus dem Automobilbereich gemacht wurden. Die Traktoren waren mit einer gepolsterten Sitzbank, Kotflügeln an den Vorder- und Hinterrädern und auf Wunsch mit Windschutzscheibe und einem Klappverdeck ausgestattet. Es war dieser Typ, mit dem Schlüter der Druchbruch gelang. Bis 1942 wurden ungefähr 1.000 Exemplare produziert.

Der Zweite Weltkrieg ging auch an Schlüter nicht schadlos vorüber. Ab 1942 mussten die Dieselschlepper in der Fertigung durch Holzgasschlepper ersetzt werden. Schlüter brachte den GZA25 als Ackerschlepper und den GZV 25 als Verkehrsschlepper auf den Markt. Die Nennleistung des Traktors betrug 25 PS, wobei er nach Angaben der Unternehmens jedoch eine Leistung von 28 PS erreichen konnte. Während des Bombenkrieges wurden sowohl das Münchener Werk als auch die Eisengießerei in Freising zerstört.

Nach dem Krieg wurde die Produktion nur in dem Freisinger Hauptwerk wieder aufgenommen. Mit dem Wirtschaftsaufschwung kam die Nachfrage

> Dieser AS 15 P aus dem Jahre 1954 wurde fachmännisch restauriert und hat schon an zahlreichen Oldtimertreffen teilgenommen.

nach Traktoren wieder schnell in Gang. Die Motorisierung der Landwirtschaft setzte nun auch für mittlere und kleinere Betriebe ein. Schlüter reagierte darauf schon 1948 mit dem Dieselschlepper DS 25, der eine Weiterentwicklung des 25-PS-Vorkriegsmodells war, und zwei Jahre später mit dem DS 15, der kleinere Betriebe als Zielgruppe hatte.

Einen schmerzlichen Verlust musste das Unternehmen am 2. März 1949 hinnehmen, als der Firmengründer Anton Schlüter verstarb. Die Leitung des Unternehmens übernahm sein Sohn, der ebenfalls Anton Schlüter hieß.

Die AS-Reihe

1953 war die Zeit gekommen, das Traktorprogramm zu aktualisieren. In den folgenden Jahren wurde die AS-Reihe gestartet, zuerst mit sechs Grundmodellen. Die einzelnen Typen bekamen die Bezeichnung „AS" gefolgt von ihrer Motorleistung. Den unteren Bereich des Leistungsspektrums deckte der AS 15 ab, die obere Grenze wurde ab 1956 vom AS55 eingenommen, der für damalige Verhältnisse zu den Großtraktoren gehörte. Später wurden die dreistelligen Typennummern eingeführt, die dann aber nicht mehr die Leistung angaben.

Bisher waren die Motoren von Schlüter wassergekühlt gewesen. Ab 1957 wurden die ersten Modelle mit Luftkühlung auf den Markt gebracht: der ASL 130 und der ASL 160, die sich zu Verkaufsschlagern entwickelten. Der Erfolg im Export ließ nicht lange auf sich warten. Großer Beliebtheit erfreuten sich die Schlüter-Traktoren besonders in Italien, wo die großen und leistungsstarken Modelle von den Lohnunternehmern geschätzt wurden.

Im gleichen Jahr erschütterte erneut ein Todesfall das Unternehmen. Nur neun Jahre nach dem Tod seines Vaters verstarb der Sohn des Firmengründers. Die Unternehmensleitung ging damit auf den ältesten Sohn, Anton Schlüter der dritten Generation, über.

Die S-Reihe

1959 ging Schlüter mit einer neuen Baureihe an den Start. In diesem Jahr wurde mit dem Bau der ersten sechs Modelle der S-Reihe begonnen. In technischer Hinsicht waren sie eine Weiterentwicklung der AS-Reihe. Aus dem AS 15 wurde der S 15, aus dem luftgekühlten ASL 15 der SL 15 usw. Da der bisherige Triebwerkslieferant Hurth aus dem Traktorengeschäft aussteigen wollte, wurden 1961 alle Modelle auf die Triebwerke von ZF umgestellt. Im folgenden Jahr änderten sich die Schlüter-Traktoren auch äußerlich, indem ihnen eine breitere und kantiger wirkende Motorhaube verpasst wurde. Ein größeres Logo begann nun, den Schriftzug an der Vorderseite zu ersetzen.

Die S-Reihe wurde mit Modellen mit 34, 42, 56 und 80 PS weiter ausgebaut. Mit diesen Typen erfolgte der Übergang von der Blockbauweise zur Halbrah-

> Auf dieser Wiese am Wald treffen sich der rote Super 950 V und sein grauer Ahn, der AS 15.

> Der Super 500 wurde von 1966 bis 1968 gebaut und ersetzte den S 450. Sein Vierzylinder-Motor hatte eine Leistung von 48 PS.

menbauweise, was den Vorteil hatte, dass der Motor leichter ein- und ausgebaut werden konnte. 1963 wurde mit der Auslieferung des S650 begonnen, des ersten Schlüter-Schleppers, der von Anfang an wahlweise mit Allradantrieb erhältlich war. Ein weiteres wichtiges Ereignis war der 1964 auf dem Schlüterhof erstmals stattfindende Schlüter-Feldtag, bei dem die Technik des Unternehmens dem interessierten Publikum vorgestellt wurde. Schlüter-Feldtage werden heute von verschiedenen Vereinen organisiert und locken immer noch Tausende von Besuchern an.

Die Super-Reihe

Schlüter dominierte das Marktsegment für Großtraktoren. Die Konkurrenz ruhte allerdings nicht. Schlüter musste deshalb durch Innovation und weiteren Ausbau der Produktpalette im leistungsstarken Bereich den Vorsprung aufrechterhalten. 1966 erschien die Super-Baureihe, bei der vor allem technische Verbesserungen und eine höhere Leistung im Vordergrund standen. Zu den Neuerungen gehörte die Traktomobil-Kabine, die ein hinten offenes Fahrerhaus mit Schiebetüren an der Seite war.

Aufsehen erregte der Super 1500 V, der mit einem 130 PS starken Achtzylinder-Motor ausgestattet und serienmäßig nur mit Allradantrieb lieferbar war. Das Kraftpaket wurde allerdings nur viermal gebaut und diente eher Testzwecken. Er war ein Vorgeschmack dessen, was noch kommen sollte.

Die Traktor-Modelle wurden ständig neu überarbeitet. Rein äußerlich zeigte sich dies 1970 durch die serienmäßige Ausstattung mit einem Sicherheitsrahmen und einem Sonnenschutzdach sowie die eckigen Kotflügel. Mit dem Super 1500 TV brachte Schlüter zu dieser Zeit das erste Modell mit Turbolader auf den Markt.

Auch kleinere Modelle wurden vorerst weitergebaut. Was Schlüter schließlich dazu veranlasste, Anfang der 1970er-Jahre die Modelle in den niederen Leistungsklassen aus dem Programm zu nehmen, war der Umstand, dass ZF keine Getriebe mehr für diese Traktoren lieferte.

Die Compact-Reihe

Mit dem Wegfall der kleineren Modelle unternahm Schlüter eine Diversifizierung seines Programms. 1971 wurde die Compact-Reihe gestartet, mit der die Technik von Großtraktoren für kompakte, wendige Standardtraktoren angeboten werden sollte. Die Kompakt-Traktoren stellten Einstiegsmodelle dar, lagen aber im Vergleich zu den Modellen anderer Hersteller immer noch im oberen Leistungsbereich. Die untere Leistungsgrenze wurde vom Compact 550 eingenommen, dessen Dreizylinder-Motor eine Leistung von 58 PS erzielte. Der weitaus häufiger verkaufte Compact 850 brachte es auf 80, später sogar auf 85 PS.

Profi Trac

Als kostspieliges Unternehmen erwies sich die Baureihe der Profi Tracs, die ab 1973 der Öffentlichkeit vorgestellt wurden. In diesen Giganten des Traktorbaus vereinte sich die modernste Technik mit der größten Motorleistung. Ausgestattet waren diese Riesenschlepper mit gleichgroßen Rädern an der Vorder- und Hinterachse sowie mit Allradlenkung, die einen kleinen Wendekreis ermöglichte. Mit der Schlüter-Hydromatic, einer automatischen Turbokupplung, war das weiche und stufenlose Anfahren auch unter Last möglich. Das schwächste Modell dieser Baureihe war der 1978 gebaute Profi Trac 1600 TVL mit seinen 160 PS. Im gleichen Jahr wurde von Schlüter der stärkste Schlepper Europas gebaut, der Profi Trac 5000 TVL mit 500 PS.

Bei der Profi-Trac-Reihe verwendete Schlüter nur noch für die Modelle bis 210 PS eigene Motoren. Bei den stärkeren kamen Motoren von MAN zum Einsatz, da eine Entwicklung eigener Motoren für diesen Leistungsbereich die Kräfte des Freisinger Unternehmens überstiegen hätte.

Die Profi Tracs errregten zwar Aufsehen, waren aber kein kommerzieller Erfolg. Insgesamt wurden nur 40 Stück dieser Baureihe verkauft. In dem Bestreben, sich von der Konkurrenz abzuheben, war Schlüter über sein Ziel hinausgeschossen. Vor allem leistungsmäßig kamen die Profi Tracs Jahrzehnte zu früh auf den Markt.

> Die bärenstarken Traktoren sind auch heute noch beim jährlichen Schlüter-Feldtag im Einsatz zu bewundern. Hier ein Super 1500 beim Heuwenden in der Nähe von Scheyern.

Super Trac

1981 stellte Schlüter mit den Super Tracs eine Baureihe vor, die den Leistungsbereich unterhalb der Profi Tracs einnehmen sollte. Es waren drei Modelle, mit denen die Reihe gestartet wurde: der Super Trac 1300 VL mit 130 PS, der 1600 TVL mit 160 PS und der 2000 TVL mit 200 PS. Die Super Tracs besaßen wie ihre größeren Brüder vorne und hinten gleichgroße Räder, waren aber nicht mit Allradlenkung ausgestattet.

In den folgenden Jahren kam es zu diversen technischen Überarbeitungen und einer zahlenmäßigen Erweiterung der angebotenen Super-Trac-Modelle. Die Super Tracs verkauften sich, verglichen mit den Profi Tracs, gut, aber die lediglich 220 hergestellten Exemplare waren immer noch zu wenig, um die Spezialisierung auf Großtraktoren zu einem kommerziellen Erfolg werden zu lassen.

Euro Trac

1989 stellte Schlüter auf der Agritechnica in Frankfurt eine neue Baureihe vor, die das Überleben des Unternehmens sichern und mit der die Marktlücke, die von Daimler-Benz mit der beabsichtigten Produktionseinstellung des MB-Tracs hinterlassen wurde, geschlossen werden sollte. Der Euro Trac, wie die neue Reihe genannt wurde, besaß vier An- und Aufbauräume, die geeignet waren, für den MB-Trac bestimmte Anbaugeräte aufzunehmen. Natürlich waren die Tracs aus Freising auch mit der modernsten Technik ausgestattet: eine hydraulisch gefederte kippbare Kabine, ein hydraulisch verschiebbares Gewicht zur gleichmäßigen Belastung der Vorder- und Hinterräder, eine elek-

> Schlüter sorgte mit dem Super Trac 2000 TVL für Aufsehen, was sich aber nicht in den Verkaufszahlen widerspiegelte. Der Umsatz mit den Großschleppern blieb zu gering, um das Unternehmen zu retten.

tronische Hubwerksregelung und ein elektronisches Fahrer-Informationssystem. Der Motor war liegend eingebaut.

Die ersten Euro Tracs, die das Prototypstadium verließen und auf den Markt kamen, waren der Euro Trac 1300 LS mit 130 PS, der 1600 LS mit 160 PS und der 1900 LS mit 190 PS.

Das Ende

Wie bei den anderen großen Traktoren, blieben beim Euro Trac die Produktionszahlen gering. Die steigenden Entwicklungskosten konnten nur noch durch Grundstücksverkäufe finanziert werden. Erhoffte Kooperationen mit anderen Unternehmen kamen nicht zustande. Verschärfte Auflagen der Umweltbehörden konnte das Unternehmen nicht mehr verkraften. 1993 schloss das Schlüterwerk in Freising seine Tore.

Ein Versuch, den Euro Trac zu retten, wurde mit der Verlagerung der Produktion zur Landmaschinen Schönebeck AG in Schönebeck, Sachsen-Anhalt, unternommen. Doch nach dem Bau von 32 Exemplaren musste auch in Schönebeck die Fertigung eingestellt werden.

Steyr

Die Steyr Landmaschinen GmbH hat ihre Wurzeln in drei Unternehmen, deren Ursprünge im 19. Jahrhundert liegen. 1864 nahm der Waffenschmied

> Mit dem Typ 180 gelang Steyr 1947 der erfolgreiche Start in die Traktorproduktion. Der 180 war mit einem wassergekühlten 26 PS starken Motor ausgestattet.

Josef Werndl in der oberösterreichischen Stadt Steyr eine Waffenfabrik in Betrieb, die 30 Jahre später auch Fahrräder herzustellen begann. Ein anderes Gründungsmitglied ist die 1889 in Graz gegründete Firma Puch & Comp., die bald zu einem erfolgreichen Fahrrad-, Motorrad- und Automobilproduzenten wurde. Das dritte Unternehmen im Bunde war schließlich die 1899 gegründete Austro-Daimler, die Anfang des 20. Jahrhunderts mit der Automobil-, Bus- und LKW-Fertigung begann. Diese drei Unternehmen vereinigten sich 1934 zur Steyr-Daimler-Puch AG.

Die ersten Schritte im Traktorenbau hatte das Unternehmen schon vor dem Zweiten Weltkrieg unternommen, ohne einen richtigen Einstieg zu finden. Erst 1947 kam für Steyr mit dem Typ 180, der einen wassergekühlten Zweizylinder-Motor besaß und eine Leistung von 26 PS erreichte, der Durchbruch. Noch erfolgreicher war der kleinere Typ 80, der mit einem 15 PS starken Einzylinder-Motor ausgerüstet war und 1949 das Licht der Welt erblickte. Die Traktorenproduktion fand in dem kleinen Ort St. Valentin statt, der unweit der größeren Städte Steyr und Linz liegt. Die Steyr-Traktoren waren auf die Bedürfnisse der österreichischen Landwirtschaft abgestimmt, und es waren auch die kleinen und mittleren landwirtschaftlichen Betriebe, die den Hauptabsatzmarkt für die Steyr-Produkte darstellen. Aber die Großbauern mussten nicht lange warten. 1952 kam der erste Steyr-Traktor mit einem Vierzylinder-Motor auf den Markt, der 68 PS leistete. Drei Jahre später folgte ein 55 PS starker Dreizylinder.

> Der Steyr Kompakt 485 ist mit der modernsten Technik ausgestattet. Dazu gehören ein Synchrongetriebe mit 16 Gängen in beide Fahrtrichtungen sowie ein 82 PS starker, kraftstoffsparender Vierzylinder-Motor.

Das Jahr 1960 war der Startschuss für eine neue Baureihe, die „Jubiläumsserie" genannt wurde. Die Modelle dieser Reihe waren mit der modernsten Technik ausgerüstet. Dazu gehörten eine Motorzapfwelle, die sich mit 540 und 1.000 U/min in beide Richtungen drehen konnte, eine Regelhydraulik und ein Wendegetriebe. Zu der Jubiläumsserie gehörte auch der erste Allradtraktor, den Steyr auf den Markt brachte. Einen weiteren Sprung vorwärts bedeutete die 1967 gestartete Steyr-Plus-Serie. Ein Lastschaltsynchrongetriebe, eine hydraulische Kupplungsautomatik, ein „Gesundheitssitz" und Motoren mit Direkteinspritztechnik gehörten zur Ausrüstung dieser Modelle. 1976 wurde die Produktpalette um den immerhin 140 PS starken Steyr 1400a, den ersten Steyr-Traktor mit Abgasturbolader, erweitert.

Die Plus-Reihe wurde 1979 durch die 1980er-Reihe abgelöst. Die Großtraktoren dieser Baureihe waren mit Turbomotoren, Allradan-

Die Steyr-Baureihen mit Produktionsbeginn

13er Reihe	1947	Baureihe M 900	1996
Jubiläumsserie	1960	Baureihe CVT	2000
Plus-Reihe	1967	Profi-Reihe	2002
80er-Reihe	1979	Baureihe 6100 CVT	2003
900er-Reihe	1992	Kompakt-Reihe	2004
Baureihe 9000	1994	Baureihe 9000 MT	2007
Baureihe 9000 M	1995	Baureihe 6200 CVT	2009
Baureihe 9100	1995	Multi-Reihe	2012

trieb sowie großen Vorderrädern ausgerüstet. Ab 1986 wurden die größeren Modelle mit einer vollelektronischen Hubwerksregelung und einem Fahrerinformationssystem ausgestattet, das eine zeitsparende Fahrweise und eine merkliche Senkung des Kraftstoffverbrauchs erlaubte.

Bis 1980 hatte es die Steyr-Daimler-Puch AG zum drittgrößten Industrieunternehmen Österreichs gebracht. Doch die Wirtschaftskrise Anfang der 1980er-Jahre und der weltweit einsetzende Nachfrageeinbruch im landwirtschaftlichen Sektor ging auch an dem österreichischen Traditionsbetrieb nicht vorbei. Ausgliederung und Verkauf einzelner Produktionssparten war die Folge, aber auch die Zusammenarbeit mit anderen Herstellern gehörte zur neuen Strategie. Bei den 1995 auf den Markt kommenden Großtraktoren der Baureihe 9100 steuerten Massey Ferguson das Getriebe und Valmet teilweise die Motoren bei. 1996 kam dann mit der Übernahme der Steyr Landmaschinen GmbH durch Case IH der entscheidendste Einschnitt in der Unternehmensgeschichte. Das Unternehmen in St. Valentin wurde in Case Steyr Landmaschinentechnik AG umbenannt und begann nun auch für Case IH, dessen Werk in Neuss geschlossen wurde, Traktoren zu produzieren. Mit dem Zusammenschluss von Case IH und New Holland 1999 wurde Steyr Teil eines weltweit agierenden Landmaschinenherstellers. Nach dem Verkauf der Traktorenfabrik im englischen Doncaster wurde St. Valentin zum zentralen Produktionsstandort für CNH in Europa. Dies brachte nicht nur neue Aufträge, sondern auch Investitionen in das Werk und in die Entwicklung neuer Technologien.

2005 konnte Steyr immerhin den 500.000. Traktor ausliefern, der seit Produktionsbeginn im Jahre 1947 in St. Valentin hergestellt wurde. Es war ein Steyr 9100 M, der an einen Landwirt aus Unken im Bundesland Salzburg ging.

Sulzer

Improvisation ist alles

Es gibt vielleicht keinen Tüftler der Wirtschaftswunderzeit, der den Pioniergeist und Erfindungsreichtum dieser Epoche besser verkörpert als Ignaz Sulzer aus Harthausen bei Augsburg. Als junger Soldat war er in den Ersten Weltkrieg gezogen und sah danach eine Zukunft als Wagnermeister im Betrieb seines Vaters vor sich. Doch er hatte anderes im Sinn. So baute und vertrieb er in der Zeit der Weimarer Republik Bandsägen und Stationärmotoren. 1936 wurde ein erster Schlepper konstruiert, der einen Schlüter-Motor mit 10 PS und Verdampfungskühlung hatte, doch ein Verkaufserfolg wurde das Vehikel nicht.

Erst 1949 versuchte Sulzer, der auch den Zweiten Weltkrieg mitgemacht hat, wieder sein Glück. Mit dem S 15, einem Bauernschlepper, den es mit verschiedener Motorisierung und auch unterschiedlichen Getrieben, hauptsächlich aber

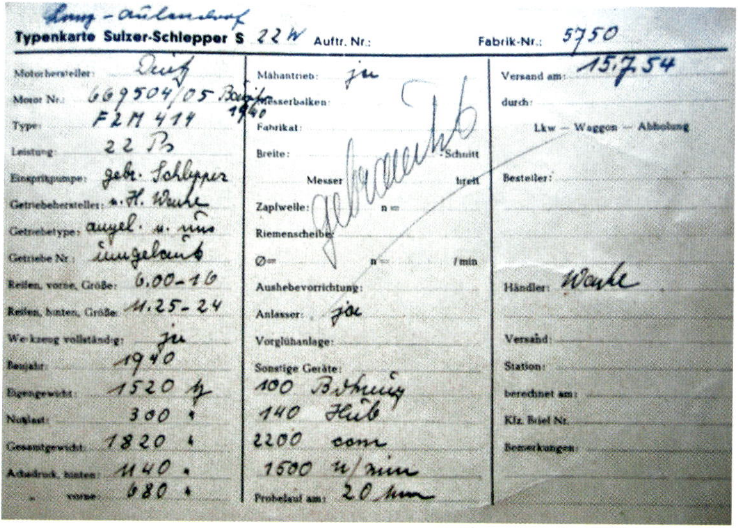

Typenkarte Sulzer-Schlepper S 22 W Auftr. Nr.: Fabrik-Nr.: 5750

Motorhersteller: Deutz
Motor Nr.: 669504/05 Baujahr 1940
Type: F2M 414
Leistung: 22 PS
Einspritzpumpe: gebr. Schlepper
Getriebehersteller: v. H. Waake
Getriebetype: angel. u. neu
Getriebe Nr.: umgebaut
Reifen, vorne, Größe: 6.00-16
Reifen, hinten, Größe: 11.25-24
Werkzeug vollständig: ja
Baujahr: 1940
Eigengewicht: 1520 kg
Nutzlast: 300 "
Gesamtgewicht: 1820 "
Achsdruck, hinten: 1140 "
" vorne: 680 "

Mähantrieb: ja
Messerbalken:
Fabrikat:
Breite: Schnitt
Messer breit
Zapfwelle: n =
Riemenscheibe:
Ø = n = /min
Aushebevorrichtung:
Anlasser: ja
Vorglühanlage:
Sonstige Geräte:
100 Bohrung
140 Hub
2200 ccm
1500 U/min
Probelauf am: 20 km

gebraucht

Versand am: 15.7.54
durch:
Lkw – Waggon – Abholung
Besteller:
Händler: Waake
Versand:
Station:
berechnet am:
Klz. Brief Nr.
Bemerkungen:

> Auf dieser Typenkarte des Herstellers Sulzer wird deutlich, dass man sogar Traktoren aus der Kriegszeit noch 14 Jahre später umbaute und als eigenes Produkt weiterverkaufte.

einem MWM-Motor und einem Getriebe von Renk gab, begann die Erfolgsgeschichte der kleinen Firma. Jedes Fahrzeug wurde in Handarbeit hergestellt und Sulzer verbaute alles, was er einkaufen konnte. Selbstverständlich erfüllte er auch Sonderwünsche. Man nennt diese Hersteller Konfektionäre, weil sie alles verwenden, was sie bekommen, aber kein Bauteil selber herstellen. Auch die Motorhauben wurden eingekauft. So konnte es auch zu Kuriositäten kommen. Der unten vorgestellte Sulzer war ursprünglich ein Hermann Lanz Aulendorf D 40 aus dem Jahr 1940, den Sulzer reparierte, modernisierte und unter dem eigenen Namen als S22W wieder verkaufte; als Neufahrzeug Baujahr 1954 … Die Zeit nach dem Krieg war eine Blütezeit der „Improvisation".

Erfolge durch Export

Ungewöhnlich stark waren die Harthausener übrigens im Export. Vor allem die

> Dieser Sulzer S 22 W von 1954 ist eigentlich ein umgebauter Hermann Lanz Aulendorf von 1940. Man sieht, mit welchen Mitteln damals gearbeitet wurde. Die Zeiten ändern sich in manchen Dingen leider nie.

> Sulzer S 14 L heißt dieser Traktor von 1961, der 14 PS leistet. Sulzer ist der Prototyp des Konfektionärs, der vor allem Teile anderer Hersteller montiert.

Schweiz und Frankreich, aber auch Skandinavien, Belgien, Italien und sogar Lateinamerika, beheimateten Kunden von Sulzer. Besonders die Schweizer schätzten die Geländegängigkeit der Schlepper aus Harthausen und orderten deshalb die durch ihren niedrigen Schwerpunkt sehr standfesten Sulzer. Ab 1956 wurden 740 Schlepper nach Frankreich ausgeliefert, die mit luftgekühlten 22-PS-Deutz-Motoren bestückt waren. Dieser Typ war derjenige von Sulzer mit der höchsten Stückzahl. Für einen Werkstattbetrieb ohne Laufband oder gehobenere technische Ausstattung war die Erfüllung solcher Aufträge eine herausragende Leistung. Mitte der 1950er-Jahre hatte der Betrieb 15 Mitarbeiter. Zum Vergleich: ein paar Kilometer weiter südlich arbeiteten für Fendt 570 Beschäftigte.

Ein Allradpionier

In Sachen Allradantrieb war Sulzer einer der Ersten. Das lag sicher auch an der räumlichen Nähe zum Allradexperten MAN. Doch Sulzer ging den Weg der gleich großen Räder, da er die Getriebeübersetzung nicht anpassen konnte, sondern auf seine Getriebe von der Stange zurückgreifen musste. 1954 schon war der S 28 A mit Renk-Getriebe und einem wassergekühlten Zweizylinder-Motor von MWM mit 28 PS gebaut worden. 1960 folgte ein 42-PS-Modell. Doch zu großen Stückzahlen gelangte man mit diesen Modellen nicht.

> 1988 waren die Valmet-Traktoren die ersten, die es in fünf verschiedenen Farben zu kaufen gab. Das Gros der Schlepperproduzenten blieb lieber traditionell bei seinen Werksfarben.

Die Lage wurde für einen Kleinhersteller Anfang der 1960er-Jahre immer schwieriger. Selbst arrivierte Marken wie Bautz, MAN oder Porsche-Diesel mussten in jener Zeit ihre Produktion aufgeben. Kurzzeitig versuchte Ignaz Sulzer, durch eine Kooperation mit dem Traktorenbauer Wahl aus Balingen den Erfolg wieder zu erzwingen, doch auch dieser Versuch war nicht mehr von Erfolg gekrönt. 1962 kam das Ende der Schlepperproduktion, aber nicht das Ende der Firma Sulzer, die sich inzwischen erfolgreich als Zulieferer der Metall verarbeitenden Industrie etabliert hat.

Valtra

Valmet – Traktor für Karelien

Man erwartet wahrscheinlich nicht unbedingt, dass eine große Nummer der Traktorbranche in Finnland beheimatet ist. Aber Valtra ist der führende Traktorhersteller Skandinaviens und die Nummer zwei in Lateinamerika. Inzwischen haben sich die Finnen sogar zum fünftgrößten Traktorenhersteller der Welt emporgearbeitet. Valtra gehört heute der AGCO Corporation, die auch schon Massey Ferguson und Fendt übernommen hat. Vertriebstechnisch eröffnen sich Valtra in Deutschland große Möglichkeiten, vor allem auch durch die Kooperation von Fendt mit der Baywa, in die AGCO mit seinen Marken eingebunden ist.

Auch in Finnland waren die 1950er-Jahre die Zeit der Motorisierung der Mittel- und Kleinbauern. Die einheimischen Valmet-Schlepper Valmet 15 A

> Der vielseitige Valtra N141 des finnischen Herstellers war dank seines langen Radstands für Frontheberarbeiten geeignet. Sein ansprechendes Design sichert ihm auch in Deutschland viele Fans.

(mit 15 PS), Valmet 20 (22 PS) und der größere Valmet 33 Diesel (33 PS) waren so erfolgreich, dass sie auch in Brasilien ihre Abnehmer fanden. 1960 wurde ein Werk in Brasilien gegründet. Seitdem ist der südamerikanische Markt eines der Standbeine von Valmet.

Der 1967 vorgestellte Valmet 900 war der erste Traktor mit einer Sicherheitskabine als Standardausstattung. Im Jahre 1969 stellte Valmet das allradgetriebene Modell 1100 mit 115 PS und Turbolader vor. Komfort und Ergonomie waren zwei wichtige Ziele. So wurde 1971 der Valmet 502 auf den Markt gebracht, von dem es hieß, dass er die leiseste Kabine habe. Im Jahre 1978 brachte Valmet die allradgetriebenen Modelle 702-4 und 702 S-4 auf den Markt. Bei diesen Modellen lag der Kardan geschützt im Rahmen und die Bodenfreiheit betrug 47 cm.

Bolinder-Munktell – Volvo: Starke Schweden

Die schwedischen Firmen Bolinder und Munktell vereinigten sich 1932. Beide stammen aus der Eisenbahn- und Dampfmaschinenbranche, da lag es nahe, sich auch beim Traktorbau zu engagieren. Sie waren schon vor dem Ersten Weltkrieg mit großen Traktoren recht erfolgreich. Nach dem Zweiten Weltkrieg machten sie den einsetzenden Schlepperboom mit. Wichtigstes Modell war der kleine Bauernschlepper BM 10, der von 1947 bis 1952 gebaut wurde

> Der S374 ist ein wahrer Traktorgigant. 400 PS leistet dieses Schwergewicht. Er verfügt über einen 8,4 Liter großen Sechszylinder-Motor mit zwei Turboladern.

und aus seinem stehenden Zweizylinder-Glühkopfmotor immerhin 23 PS holte. Verglichen mit den kleinen Bauernschleppern Deutschlands, war das sehr viel. Der BM 10 verkaufte sich gut in Skandinavien und Frankreich. Im Jahr 1950 wurde Bolinder-Munktell vom Kraftfahrzeugriesen Volvo geschluckt. Volvo trug dazu bei, sich vom Glühkopfsystem abzuwenden und den Traktoren leistungsfähige Direkteinspritzer-Motoren zu geben. Es wurden Modelle mit bis zu sechs Zylindern gebaut. Der Volvo 470 Bison hatte schon 1959 zum damaligen Zeitpunkt unglaubliche 75 PS. Übrigens gab es die Traktoren immer in Rot als Volvo und in Dunkelgrün als Bolinder-Munktell zu kaufen. Technische Unterschiede gab es nicht.

Auf dem Weg zu Valtra

Ende der 1970er-Jahre hatte die Führung von Volvo die Entscheidung getroffen, den Bereich der Landmaschinenproduktion einzustellen. 1980 übernahm Valmet die Traktorenproduktion von Volvo und vertrieb die Schlepper unter der Marke Volvo BM Valmet und Volvo Valmet. Kurzzeitig gab es Kooperationen mit Steyr. Den Namen Valtra führen die Traktoren erst seit 2001. Da in Finnland die Papierindustrie und die Forstwirtschaft boomen, ist es klar, dass sich Valtra auch zum Forstspezialisten entwickelt hat.

Das derzeitige Programm ist mit fünf verschiedenen Serien, die sich in ihrer Leistung zum Teil etwas überschneiden, in vier Klassen zwischen 50 und 400 PS unterteilt. Die neue N-Serie, Traktor des Jahres 2016, ist die vielleicht am vielseitigsten einsetzbare. Die Leistung der Motoren ihrer Modelle liegt zwischen 105 und 185 PS. Die verwendeten AGCO Power Diesel-Vierzylinder-Motoren arbeiten mit modernster SCR-Technologie und werden auch von anderen Traktorenherstellern eingesetzt. Flaggschiffe sind die Modelle der S-Serie mit starken Motoren AGCO Power und stufenlosem Getriebe AVT. Größtes Modell ist der S374 mit 370 PS, mit Boost durch elektronische Motorsteuerung sogar 400 PS.

Die Technik

Die Motoren- und Getriebetechnik hat sich in den letzten Jahren entscheidend gewandelt. Selbstständiges Schrauben ist an solchen Maschinen fast nicht mehr möglich.

EICHER

> Schnittbild durch einen Zweizylinder-Dieselschlepper mit wassergekühltem Motor. So waren die Traktoren in den 1950er-Jahren aufgebaut.

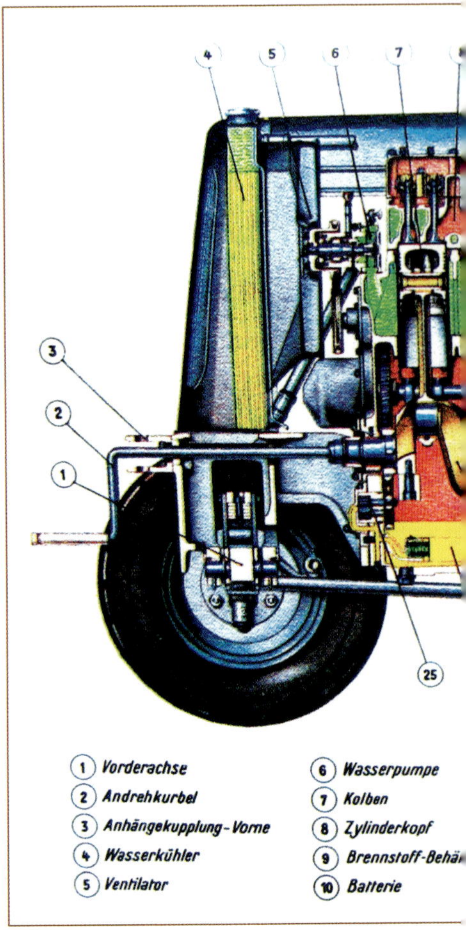

Antrieb

Das Ziehen von Lasten gehört zweifellos zu den wichtigsten Aufgaben eines Traktors. Lange Zeit benutzten die meisten Traktoren nur die beiden Hinterräder, um die Kraft auf den Boden zu übertragen. Es wäre naheliegend gewesen, alle vier Räder für den Antrieb einzusetzen. Tatsächlich sind heute 80 Prozent aller neu zugelassenen Schlepper mit einem Allradantrieb ausgestattet. Bei den oberen Leistungsklassen sind es sogar fast 100 Prozent. Aber bis es so weit war, mussten zahlreiche technische Hürden überwunden werden.

Die ersten Versuche mit dem Vierradantrieb begannen schon im 19. Jahrhundert. 1825 erhielten die britischen Erfinder Timothy Burstall und John Hill ein Patent für eine dampfgetriebene Transportmaschine. Zusätzlich zum Hinterradantrieb besaß das Fahrzeug einen zuschaltbaren Vorderradantrieb. Die Vorderachse wurde über eine Kardanwelle angetrieben. Andere Konstrukteure benutzten noch Riemen, Ketten oder Seile für die Kraftübertragung. Das erste Gefährt von Burstall und Hill wog acht Tonnen und war höchstens so schnell wie ein Fußgänger.

Ein weiteres Patent wurde 1857 dem Amerikaner John S. Hall für einen allradgetriebenen Dampfwagen erteilt. Allerdings ist nicht sicher, ob die Konstruktionspläne für dieses Fahrzeug jemals in die Tat umgesetzt wurden, da es

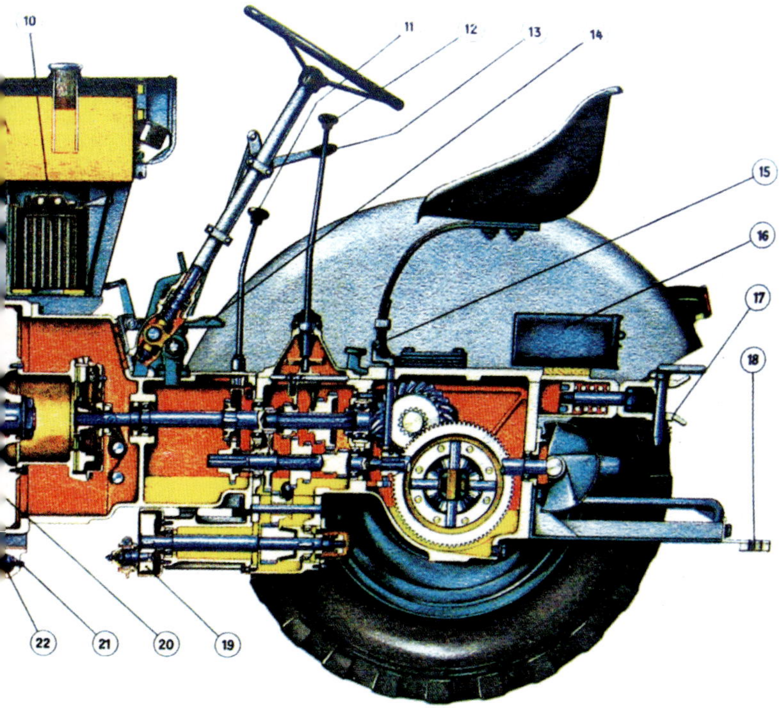

Getriebe-Schalthebel II
Getriebe-Schalthebel I
Hand-Drehzahlregulierhebel
Fuß-Drehzahlregulierhebel
Zapfwellen-Schalthebel
16 Werkzeugkasten
17 Anhängekupplung
18 Anhängeschiene
19 Grasmäher-Antrieb
20 Schwungrad
21 Vorderachs-Abstützung
22 Pleuelstange
23 Kurbelwelle
24 Schmieröl-Sieb
25 Ölpumpe

keine Differentiale in der Vorder- und Hinterachse besaß, so dass es bei einer engen Kurvenfahrt jedesmal heruntergebremst worden wäre.

Im landwirtschaftlichen Bereich versuchte zum ersten Mal die Gasmotoren-Fabrik Deutz die Traktionsvorteile des Vierradantriebs bei einem 1907 gebauten Zugfahrzeug zu nutzen. Das Gefährt wurde von einem 40 PS starken Verbrennungsmotor angetrieben, besaß vier gleich große Eisenräder und konnte in beide Richtungen fahren. An beiden Enden ließ sich ein Pflug oder ein anderes Gerät befestigen. Allerdings war die Ähnlichkeit des „Deutz-Traktors" mit einem modernen Schlepper noch sehr gering. Die Mechanik war auf-

> Ein Schnitt durch einen Lanz D 1706 von 1952. Das Exemplar steht im Deutschen Landwirtschaftsmuseum an der Universität Hohenheim.

wendig, die Kosten hoch, und das Fahrzeug blieb im Versuchsstadium stecken.

Zum ersten serienmäßigen Einsatz kam der Allradantrieb beim HP-Bulldog von Lanz, der 1923 auf den Markt kam. Das Hauptgewicht des Bulldogs lag auf der Vorderachse, die mit größeren Rädern als die Hinterachse ausgestattet war und bei der es sich um die Hauptantriebsachse handelte. Die Hinterräder wurden automatisch zugeschaltet, wenn die Vorderräder einen gewissen Schlupf aufwiesen. Der Traktor verfügte über eine Knicklenkung, das heißt, bei Kurvenfahrten wurde der vordere Teil des Rumpfes gegenüber dem hinteren Teil eingeknickt. Trotz des technisch ausgereiften Antriebs blieb der Erfolg aus. Grund dafür war zum einen der Motor, der mit seinen zwölf PS vor allem beim Ziehen schwerer Pflüge zu schwach war, zum anderen war der Kaufpreis wegen der Lenkung und dem Allradantrieb zu hoch.

> Dieses Schaubild gibt den Blick auf den Motor, den Allradantrieb und die Zapfwelle eines MB-trac frei.

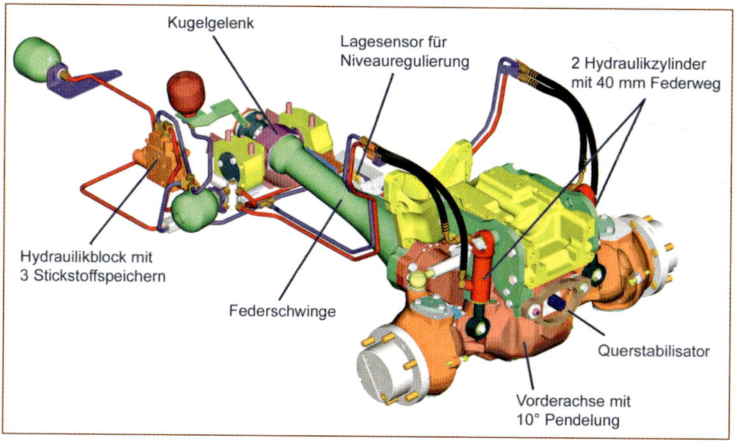

> Die Vorderachsfederung von Fendt besitzt eine integrierte Niveauregulierung, die Bodenunebenheiten automatisch erfasst und ausgleicht.

In den folgenden Jahren wurden hin und wieder Versuche unternommen, Traktoren mit Allrad zu verkaufen. Dazu gehörten der AS325 von MAN und der F25A von Fendt, die nach dem Zweiten Weltkrieg auf den Markt kamen, aber nur in geringer Stückzahl produziert wurden. Erst dem italienischen Traktorproduzenten Same gelang 1951 der Durchbruch mit seinem DA25.

Bei der Entwicklung des Allradantriebs mussten komplexe technische Probleme gelöst werden. Beispielsweise drehen sich bei engen Kurvenfahrten die Vorderräder schneller als die Hinterräder. Eine Lösung dieses Problems stellte die manuelle oder automatische Abschaltung des Vorderradantriebs dar. Aber dies führte wiederum zu einem Verlust an Zugkraft in Kurven. Es gab verschiedene Ansätze, dieses Problem zu lösen. Einer davon war die Verwendung eines hydrostatischen Überlagerungsgetriebes, das die richtige Drehzahl der Vorderräder automatisch bei engen Kurven einstellte. Fendt verwendete dieses System beim Farmer 312 LSA.

Mittlerweile ist der Allradantrieb bei größeren Traktoren zum Standard geworden.

Getriebe

Ob ein Traktor auf dem Acker, in der Wiese oder auf der Straße fährt, einen Pflug oder einen Wagen zieht, wenden oder rückwärts fahren muss, stets ist eine andere Fahrgeschwindigkeit oder -richtung nötig. Dem stehen ein begrenztes Drehzahlband und normalerweise nur eine Drehrichtung des An-

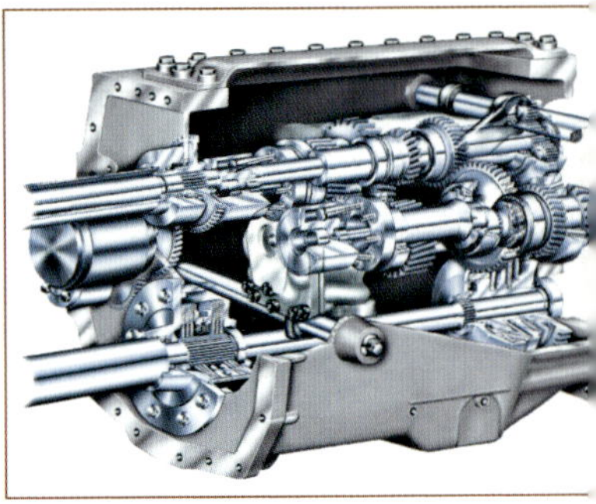

> Schnittbild eines Vario-Getriebes mit Summierungswelle im oberen Teil und dem Planetengetriebe rechts.

> Links: Blick auf das Getriebe und die Achsaufhängung eines Primus P 20.

triebsmotors gegenüber. Die erforderliche Übersetzungsanpassung und Drehrichtungsumkehr sind Aufgaben des Traktorgetriebes. Je größer dessen Stufenzahl, desto größer ist die Wahrscheinlichkeit, den passenden Gang für die gegebenen Verhältnisse zu finden.

Die Dinosaurier des Traktorenbaus, die Lokomobile, waren meist nur mit einem Gang ausgestattet, wie etwa die Deutz-Pfluglokomotive. Die ersten Traktoren, die tatsächlich als landwirtschaftliche Zugmaschinen geeignet waren, besaßen Getriebe mit zwei bis vier Gängen. Manche besaßen keinen Rückwärtsgang. Bei den ersten Lanz-Modellen musste zum Wechsel der Fahrtrichtung der Motor „umgesteuert" werden, das heißt, der Motor musste dazu gebracht werden, die Kurbelwelle in die andere Richtung anzutreiben, was viel Erfahrung des Fahrers voraussetzte.

Mit der Weiterentwicklung der Getriebetechnik erhöhte sich die Zahl der Gänge, die dem Fahrer zur Verfügung standen. Wieviele Fahrstufen ein Traktor benötigt, hängt von der Einsatzart ab. Bei Feldarbeiten liegen die Geschwindigkeiten zwischen vier und zwölf km/h. Dieser Bereich kann normalerweise mit fünf bis sechs Gängen abgedeckt werden. Zusätzliche Gänge sind beispielsweise für die Fahrt auf Straßen nötig. Deswegen verfügen manche Schlepper über Gruppenschaltgetriebe, mit der zusätzlichen Auswahlmöglichkeit für eine Langsam-, Schnell- oder Rückwärtsfahrt, wodurch die eigentlichen Gänge des Getriebes vervielfacht werden. In jeder Gruppe steht die gleiche Zahl der Gänge zur Verfügung.

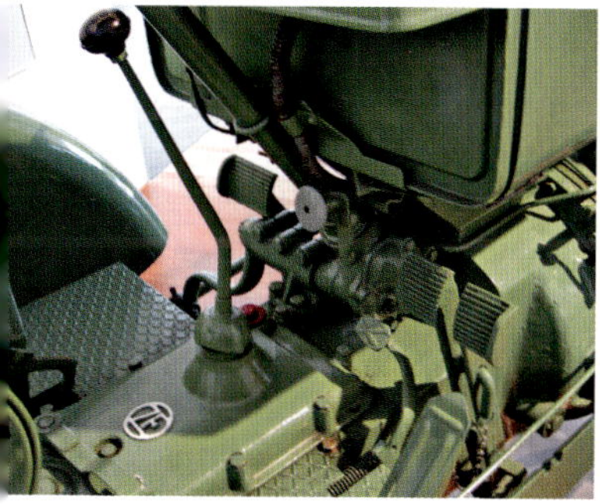

> Die Gangschaltung eines ZF-Getriebes beim MAN AS 325 H. Der Traktor wurde 1951 gebaut, als effektive stufenlose Getriebe noch in weiter Ferne lagen.

> Rechts: Ein Schaubild des hydrostatischen Kompaktgetriebes von Güldner.

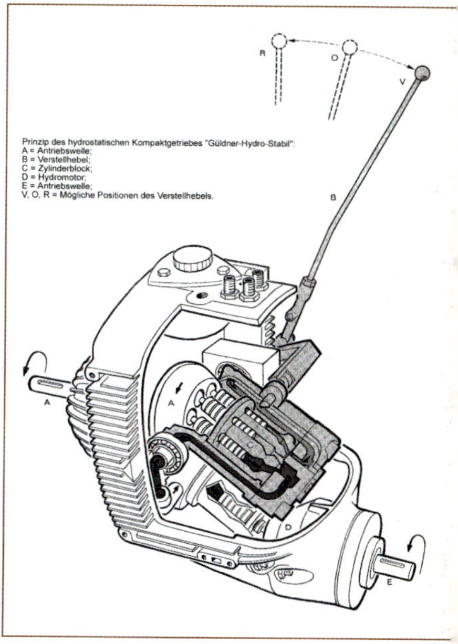

Bei manchen Arbeiten, wie dem Beladen mit einem Frontlader, das einen häufigen Wechsel der Fahrtrichtung verlangt, oder mit einem Maishäcksler im Heckanbau, der in Rückwärtsfahrt betrieben wird, ist ebenfalls eine hohe Gangabstufung im Bereich von drei bis sechs km/h erforderlich. In diesem Fall ist ein Wendegetriebe vorteilhaft, das die gleiche Ganganzahl für die Rückwärts- wie für die Vorwärtsfahrt bietet.

Das Nonplusultra der Traktorgetriebetechnik ist das stufenlose Getriebe, bei dem nicht mehr geschaltet werden muss, sondern die Geschwindigkeit mit dem Gaspedal oder einem Handhebel eingestellt werden kann. Der erste Traktor, der serienmäßig mit einem solchen Getriebe ausgestattet war, wurde 1965 von Eicher vorgestellt. Es handelte sich um den Mammut HR der 3000er-Reihe. Die Kraftübertragung erfolgte bei diesem Modell über einen hydraulischen Drehmomentwandler, das heißt, bei diesem Getriebe erfolgte die Kraftübertragung vom Motor zum Antrieb nicht mechanisch, sondern mittels einer Flüssigkeit. Erwähnenswerte und insbesondere für Traktoren relevante Vorteile dieser Art von Getriebe gegenüber traditionellen Stufengetrieben mit mechanischer Kupplung sind das sehr hohe Anfahrdrehmoment und die Verschleißarmut. Allerdings war der Wirkungsgrad des Getriebes bei höheren Geschwindigkeiten schlupfbedingt nicht optimal, und zudem kam verstärkte Konkurrenz von immer feiner abgestuften Schaltgetrieben. Im gleichen Jahr rüstete Fendt seinen Farmer 3S mit einer ölhydraulischen Kupplung aus. Der Vorteil der „Turbomatik“ war, dass sie wartungsfrei und ohne nennenswerten

> Die jüngsten Fortschritte in der Getriebetechnik haben den Fahrkomfort und damit die Produktivität erheblich erhöht.

Verschleiß arbeitete. Die Hauptteile der Kupplung waren ein mit dem Motor verbundenes Pumpenrad und ein mit dem Getriebe verbundenes Turbinenrad. Die Kraftübertragung erfolgte, indem das Pumpenrad die Ölfüllung der Kupplung umwälzte und damit indirekt das Turbinenrad antrieb.

Der richtige Durchbruch für die stufenlosen Getriebe kam erst 1995 mit der Einführung des Vario-Getriebes beim Favorit 926 von Fendt. Im Gegensatz zu den rein hydrostatischen Antrieben bietet das hydromechanische oder Vario-Getriebe einen hohen Wirkungsgrad. Grund dafür ist die Verbindung von Mechanik und Hydrostatik in der Kraftübertragung. Ein zentraler Teil ist ein Planetengetriebe, das die Motorkraft in zwei Teile aufteilt. Das Hohlrad überträgt die Kraft auf den hydrostatischen Getriebeteil, das Sonnenrad leitet sie über mechanische Zahnradverbindungen an die Fahrstufenschaltung weiter. Eine Summierungswelle vereint beide Antriebsstränge und führt diese direkt

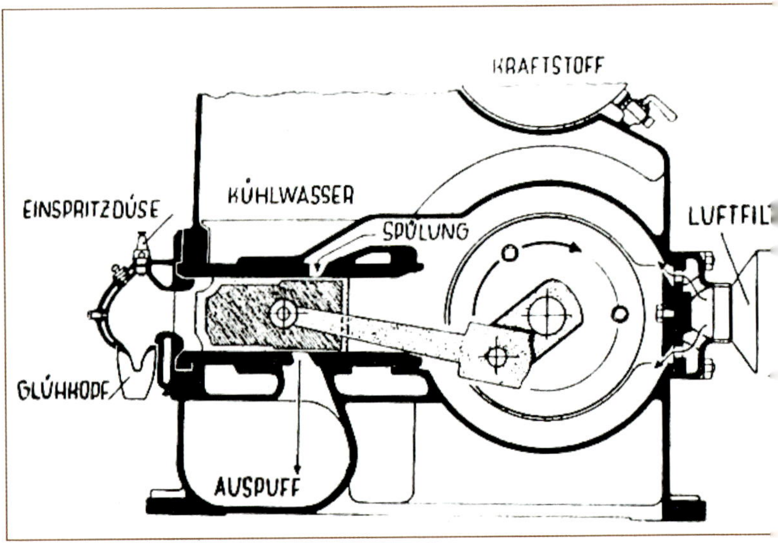

zur Hinterachse. Beim Anfahren wird die Motorkraft nur über den hydrostatischen Teil übertragen. Bei zunehmender Geschwindigkeit verschiebt sich der Kraftfluss stufenlos zum mechanischen Teil.

Kurz nach Fendt kamen auch andere Hersteller mit einem hydromechanischen Getriebe auf den Markt. Dazu gehört Deutz-Fahr mit seinem TTV-Getriebe. Inzwischen haben alle großen Hersteller solche Modelle im Programm.

Motoren – Vorläufer der Dieselära

Dampfmaschinen auf dem Feld: Lokomobile

Die Motorisierung hat der Dampfkraft entscheidende Impulse zu verdanken. Ohne Dampfeisenbahn wäre die Geschichte vermutlich ganz anders verlaufen. Es lag nahe, den Dampf auch für die Straße oder den Acker zu nutzen. Beides war jedoch nicht besonders erfolgreich. Wir haben in der Geschichte dieser Fahrzeuge am Anfang des Buches gesehen, dass man zwar gewisse Möglichkeiten gefunden hat, solche Fahrzeuge in der Landwirtschaft einzusetzen,

> Das Glühkopf-Zweitakt-Verfahren: das linke Bild zeigt die Verdichtung, das rechte den Arbeitstakt mit Verbrennen, Arbeiten sowie Ansaugen und Auspuff. Aus: Dr. Leopold Schindler (Hrsg.), Die Landwirtschaft, Band 1, Bayerischer Landwirtschaftsverlag, München, 2. Aufl., 1953, Seite 508.

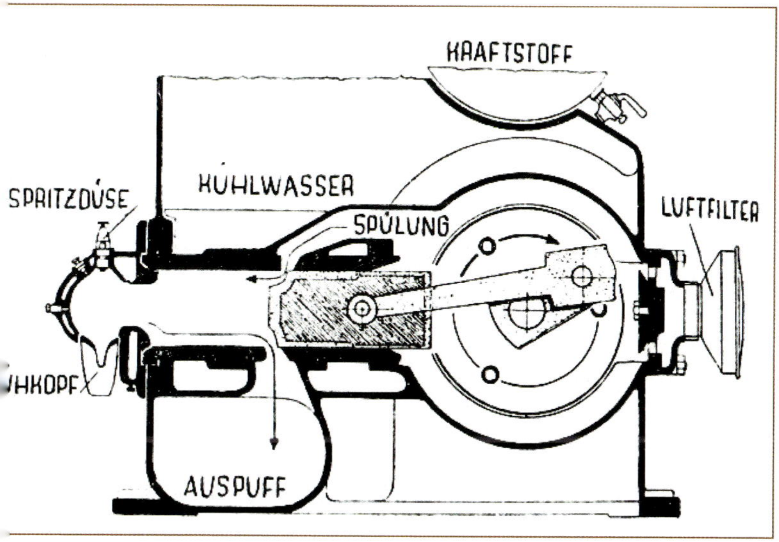

doch lohnte sich das nur bei sehr großen Betrieben. Später wurden Lokomobile auch mit damals noch größeren Dieselmotoren ausgerüstet, doch gegen die kleinen Verbrennungsmotoren kam dieses Konzept nicht an. Irgendwie drängt sich der Vergleich mit dem Wechselspiel von Zeppelin und Flugzeug auf.

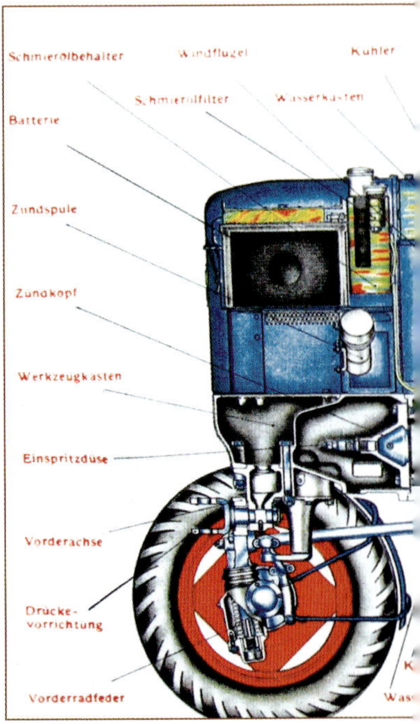

Mit glühendem Kopf durch den Acker

Als der Lanz-Ingenieur Huber den rationell arbeitenden Glühkopfmotor auf einen fahrbaren Rahmen gesetzt hatte, hatte eine Erfolgsstory begonnen, die sich noch heute in teilweise Schwindel erregenden Preisen für Oldtimer-Bulldogs und den vielen Lanz-Clubs fortsetzt. Doch was ist ein Glühkopfmotor? Beim Kraftstoff ist er mit dem Dieselmotor verwandt, auch wenn sein Durst sogar schon mit Altöl gestillt werden kann. Mit seiner niedrigen Verdichtung erinnert er eher an den Ottomotor. Da die Verbrennung des Kraftstoffs durch den Glühkopf eingeleitet wird, ist dieses Verfahren eigentlich eine Fremdzündung, also ähnlich dem Ottomotor.

Der Glühkopfmotor brachte schon viele zum Schwitzen, denn der Vorgang des Anlassens war ziemlich zeitaufwendig und kompliziert. Mit einer Lötlampe wurde der Glühkopf erhitzt. An der Einspritzdüse konnte der Einspritzwinkel je nach Betriebssituation eingestellt werden: Beim Anlassen blieb diese ganz eingeschraubt, unter Volllast wurde um zwei Umdrehungen gelöst, im Leerlaufbetrieb empfahlen sich vier Umdrehungen.

Bei Lanz wurde ein liegender Einzylindermotor verwendet, dessen Hubraum sogar bis über 10.000 cm^3 betragen konnte. Er lief mit 540 bis 850 U/min sehr langsam. Ohne hohen Druck oder Zerstäubung, wie wir es von Diesel- und Ottomotor her kennen, wird der Kraftstoff in den so genannten Zündsack des Glühkopfs eingespritzt. Auf dem heißen Glühkopf verdampft er und mischt sich mit der durch den Überströmkanal angesaugten Luft. Kurz vor dem oberen Totpunkt des Kolbens entzündet sich dieses Kraftstoff-Luft-Gemisch, die Verbrennungsgase expandieren und treiben den Kolben zurück. Dadurch werden die Auslassschlitze frei und die Verbrennungsgase können

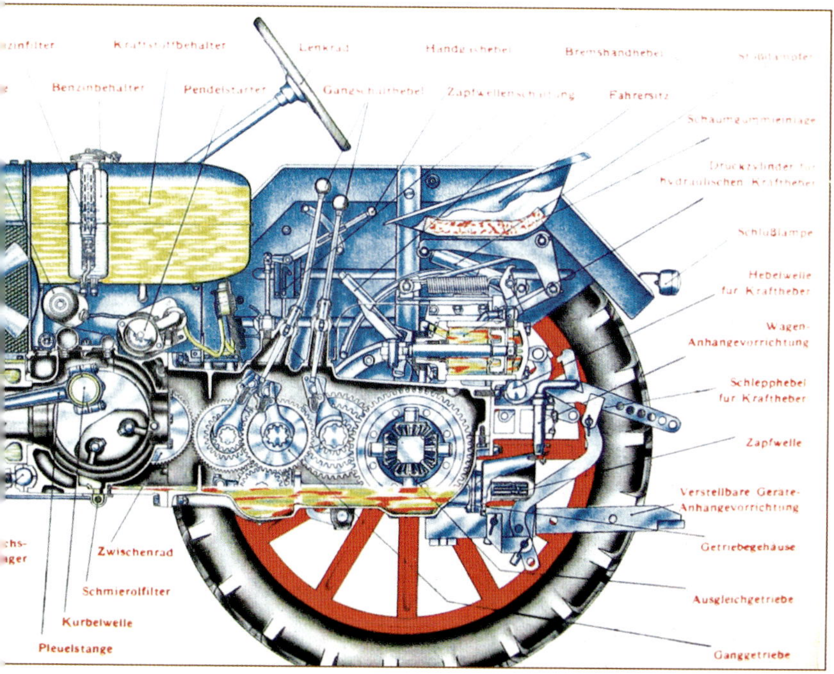

> Schnitt durch einen Schlepper mit einem Zweitakt-Glühkopfmotor. Aus: Dr. Leopold Schindler (Hrsg.), Die Landwirtschaft, Band 1. Bayerischer Landwirtschaftsverlag, München. 2. Aufl., 1953, nach Seite 512.

entweichen. Jetzt beginnt der Vorgang von Neuem. Diese Motoren waren in der Pionierzeit der Motorisierung ideal, da sie von den meist technisch völlig unerfahrenen Landwirten oder Lohnfahrern nicht viel technisches Verständnis abverlangten. Sie waren robust, vertrugen alle möglichen Treibstoffarten und hatten kaum Wartungsteile. Allerdings war das Fahren an einem langen Arbeitstag ziemlich aufreibend. Von Laufruhe konnte keine Rede sein und die Geruchs- und Lärmbelästigung würde heute massive Probleme mit Umweltschützern einbringen. Später konnte man mit elektrischer Zündung und Benzin anfahren, als der Glühkopf erhitzt war, erfolgte die Umstellung auf Normalbetri eb.

Ottomotor

Sehr bald nach Erfindung des Verbrennungsmotors durch Nikolaus Otto und den ersten Automobilen von Carl Benz und Gottlieb Daimler wurden in den Vereinigten Staaten von Amerika erste Versuche zur Nutzung des Benzinmotors für die motorisierte Fortbewegung auf Ackerflächen unternommen.

> Dieses höchst seltene Bild eines Prototypen von Hanomag zeigt einen der wenigen Anthrazit-Schlepper. Man experimentierte mit dieser Technik, bekam sie aber nicht zur Serienreife.

Die USA als Flächenstaat und vor allem der mittlere Westen mit seinen weiten Räumen und zu wenig menschlicher Arbeitskraft waren dringend auf eine effektive Nutzung des Bodens angewiesen, die so wenige Humanressourcen wie möglich erforderte. Hinzu kam, dass Benzin damals als Abfallstoff der Leucht-ölproduktion angefallen war. Da Elektrizität in den weitab gelegenen Gegenden schwer zu installieren war, blieb dieser Leuchtkörper noch länger die Nummer eins. Benzin gab es also im Überfluss und war billig.

In Europa sah die Lage ein wenig anders aus. Hier war Benzin sehr viel teurer, aber als Alternative standen Dampf und Rohöl zur Verfügung. Die Dampfmaschine war für bewegliche Einsätze auf dem Feld zu schwer. Der Verbrennungsmotor konnte hingegen für solche Aufgaben eingesetzt werden. Alternative war der Glühkopfmotor, der aber eigentlich nur von Lanz genutzt wurde. Zu Beginn der 1920er-Jahre konnte man Dieselmotoren nur stationär einrichten, da sie zu schwer waren. Erst Anfang der 1930er-Jahre begann sich das Blatt im Bereich der Nutzfahrzeuge zugunsten der nun auch kleiner werdenden Dieselmotoren zu wenden. Ihr Wirkungsgrad übertraf den der Benzinmotoren. Auf dem Pkw-Markt jedoch blieb der spritzigere Ottomotor dank höherer Laufruhe und seiner besseren Laufkultur noch lange das Maß aller Dinge. Dank neuer Techniken ist nun jedoch der Dieselmotor auch in diesem Bereich stark vertreten.

Feststoffmotoren gegen den Kraftstoffmangel an der Front

1921 entwickelte der Lothringer Imbert einen Holzgasgenerator, der es ermöglichte, einen Verbrennungsmotor mit Feststoffen zu betreiben, zunächst mit Holzkohle, später konnte klein geschnittenes Holz verwendet werden. Er hatte im Ersten Weltkrieg als Chemiker für die deutsche Armee gearbeitet und gesehen, wie wichtig ein alternativer Treibstoff im Falle einer neuerlichen Krise sein konnte. Dieses Thema versprach also Gewinn. Doch die Umsetzung solcher Pläne war zunächst nicht besonders erfolgreich. 1938 liefen gerade mal 88 zugelassene Gasgeneratorschlepper im ganzen Deutschen Reich.

Doch dann schlug die Stunde des Holzgasgenerators. Ab 1941 trieb der NS-Staat die Produktion von Gasgeneratoren voran. Auf der Grundlage von Imberts Konstruktionen wurde ein Einheitsgenerator entwickelt. 1942 wurden überall Holzgasschlepper produziert. Waren die ersten Umbauten noch mit angebauten Kesseln versehen, integrierte man die Apparatur später unter die Motorhaube. Im ganzen Reich wurden um die 2.000 Holz-„Tankstellen" eingerichtet, an denen man sich mit Nachschub versorgen konnte.

Die Verwendung von Dieselschleppern war inzwischen untersagt, die Besitzer mussten nicht umgerüstete Fahrzeuge stilllegen. Da die Kosten für Umrüstung (ca. 1.200 bis 2.500 Reichsmark, abhängig vom Typ) und die Anschaffung neuer Schlepper sehr kostspielig waren, wurde der Anteil der Fremdarbeiter in der Landwirtschaft weiter erhöht.

Insgesamt wurden im Zweiten Weltkrieg rund eine Million Fahrzeuge mit Generatorgas betrieben. Auch in Schweden und der Sowjetunion wurde ein Großteil der zivil genutzten Fahrzeuge auf Holzgas umgerüstet.

Der Motor braucht ein Gas-Luft-Gemisch, um arbeiten zu können. Um dieses Gas herzustellen, wurde in einem Gaserzeugerkessel Holz verbrannt. Über Düsen erfolgte die nötige Sauerstoffzufuhr. Das entstehende Gas wurde im Absitzbehälter gesammelt, die Schlacke musste re-

> Der erste Dieselmotor der Geschichte steht heute im MAN-Museum. Mit einem Hubraum von 15.000 cm^3 wurden zehn PS erreicht. Der Wirkungsgrad lag bei 16,6 Prozent.

gelmäßig aus dem Behälter entfernt werden – ein mühseliger Vorgang, der die Verbreitung dieses Systems zu normalen Zeiten unterband. Das Gas wurde gereinigt und gekühlt. Letzteres war nötig, um eine größere Gasmasse in den Verbrennungsraum des Motors zu bringen. Zuletzt erfolgte eine Mischung mit Luft und nun konnte der Motor „gefüttert" werden.

Eine weitere Möglichkeit, mit der sich die Techniker befassten, war die Nutzung von Anthrazit als Betriebsstoff. Versuche, die man anstellte, führten allerdings nicht bis zur Serienreife.

> Rudolf Diesels Leben endete leider unglücklich, doch seine bahnbrechende Erfindung steht immer mehr vor einem Happy End.

Dieselmotor

Der Weg zum einsatzbereiten Schlepper-Dieselmotor

Rudolf Diesel war eines jener tragischen Genies, die sich durch Widrigkeiten kämpfen mussten, etwas Großes leisteten und am Ende untergingen, ohne die Anerkennung gefunden zu haben, die ihnen zusteht. Seine Vision war die Konstruktion eines rationellen Wärmemotors. In der Maschinenfabrik Augsburg, die später mit ihrer Nürnberger Schwester zur MAN verschmolz, gab man ihm die Möglichkeit, seine Pläne zu verwirklichen. Nach vielen Rückschlägen, aber nur vierjähriger Bauzeit, konnte der erste betriebsfähige Dieselmotor am 17. Februar 1897 durch die Technische Hochschule München abgenommen werden. Dieser Viertakt-Einzylinder-Experimental-Motor mit Wasserkühlung und Lufteinblasung des Kraftstoffes war drei Meter hoch, wog vier Tonnen und leistete bei ca. 20 Litern Hubraum vermutlich 20 PS. Er hatte mit ca. 27 Prozent einen für damalige Verhältnisse sensationellen Wirkungsgrad. Leider liefen die Geschäfte erst mal nicht gut. Auf eine weite Verbreitung musste der Motor noch bis 1925 warten. Zu dieser Zeit lebte Rudolf Diesel schon lange nicht mehr. Er hatte durch den Verkauf von Lizenzen ein Vermögen gemacht, es aber durch unkluge Spekulationen genau so schnell wieder verloren. 1913 sprang er auf der Überfahrt über den Ärmelkanal und ertrank.

Erst mit der von Robert Bosch erfundenen Hochdruck-Einspritzpumpe (1925) war es nun möglich, den Dieselmotor für Nutzfahrzeuge, Eisenbahn und Schifffahrt einzusetzen.

Im Laufe der Geschichte dieses Motors wurden unterschiedliche Verfahren entwickelt, die darauf abzielten, den Wirkungsgrad und die Leistungsfähig-

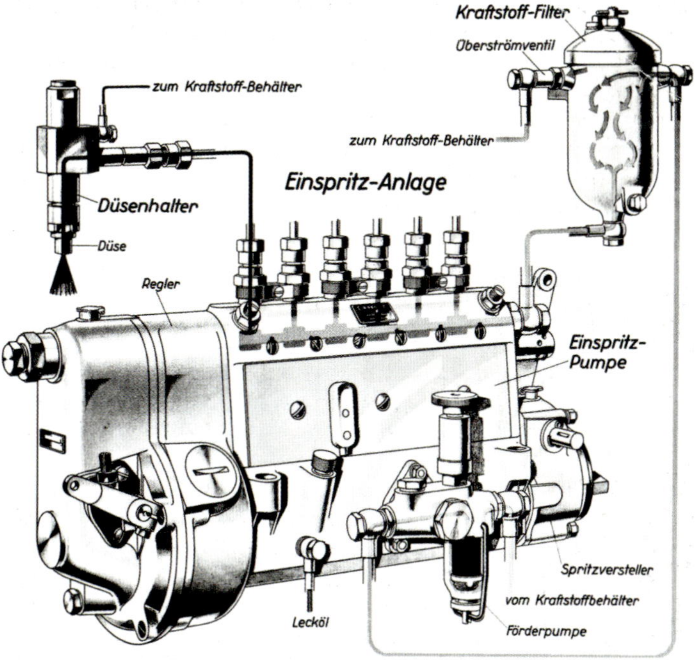

> Schematische Darstellung einer Bosch-Einspritzausrüstung für einen Dieselmotor

keit des Motors zu verbessern. Diese Motoren wurden auch im Schlepperbau eingesetzt. Das größte Problem des Dieselmotors ist das der optimalen Gemischaufbereitung. Deren Qualität bestimmt entscheidend das Leistungsvermögen des Aggregats. Bei den Konstruktionen ist der Verbrennungsraum unterschiedlich gestaltet. Die Motoren der ersten Gruppe werden unter dem Begriff Kammermotoren zusammengefasst. Bei ihnen wird der Kraftstoff in eine Kammer eingespritzt, die vor dem Hauptverbrennungsraum liegt. Die Verbrennung erfolgt somit zweistufig und kann bei geringeren Einspritzdrücken höhere Drehzahlen und bessere Abgaswerte erreichen. Einen niedrigeren Kraftstoffverbrauch erreicht man mit dem zweiten Verfahren, der Direkteinspritzung des Kraftstoffes in den Verbrennungsraum, der allerdings sehr viel höhere Einspritzdrücke erforderlich macht.

Vorkammerverfahren

1919 hat der deutsche Ingenieur Prosper L'Orange von Daimler-Benz sein Vorkammerverfahren zum Patent angemeldet, ab 1923 wurden die ersten nach

> Schnitt durch den Zylinderkopf eines Vorkammer-Dieselmotors mit Einspritzdüse und Glühstiftkerze von Bosch.

> Schnitt durch den Zylinderkopf eines Dieselmotors mit Direkteinspritzung von Bosch.

dem Vorkammerverfahren laufenden Dieselmotoren in Nutzfahrzeuge eingebaut. Das Prinzip ist das folgende: Der Kraftstoff wird in einem schmalen Strahl in die Vorkammer gespritzt. Dort entzündet er sich und verbrennt teilweise. Durch den entstehenden Druck wird der unverbrannte Rest durch Drosselbohrungen in die Hauptkammer geschleudert. Dort verbrennt er völlig. Die Verbrennung erfolgt dabei etwas langsamer, daher klingt das Motorengeräusch weniger hart. Für den Kaltstart ist eine Glühanlage nötig. Der eingespritzte Kraftstoff trifft dann auf eine Luftschicht, die bereits Zündtemperatur hat.

Wirbelkammerverfahren, ein verbessertes Vorkammerverfahren

1931 wurde das von dem britischen Ingenieur Sir Harry Ricardo konstruierte Wirbelkammerverfahren patentiert. In eine kugelförmige Wirbelkammer, die über einen so genannten Schusskanal mit dem Hauptbrennraum verbunden ist, wird etwa 50 Prozent der verdichteten Luft aufgenommen. Während der Verdichtung wird die Luft in dieser Kammer in eine wirbelartige Bewegung versetzt. Der Kraftstoff wird in Richtung der Luftbewegung in die Kammer gespritzt. Durch den stattfindenden Zentrifugaleffekt entsteht eine Gemischschichtung mit fettem Gemisch am Umfang der Wirbelkammer. Bei Beginn der Verbrennung wird das Gemisch durch den Schusskanal in den Hauptbrennraum gepresst, wo es sich mit der übrigen Luft vermischt. Gegenüber dem Vorkammerverfahren sind die Strömungsverluste geringer und damit wird ein höherer innerer Wirkungsgrad erreicht. Auch hier ist das Vorwärmen durch Glühkerzen notwendig. Eine Sonderform ist das Wälzkammerverfahren, das von Güldner verwendet wurde. Die kugelartige Vorkammer ist

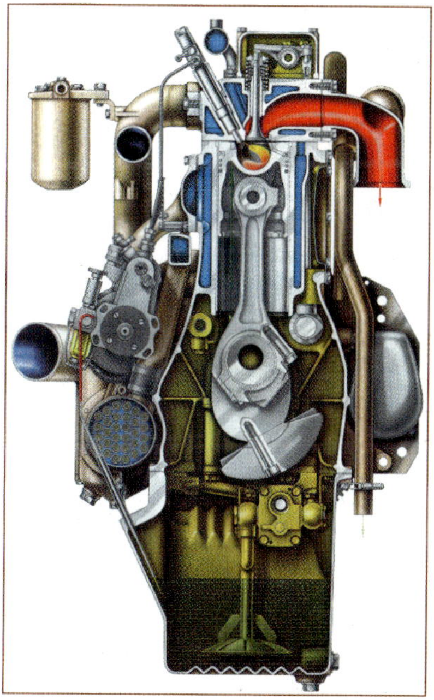

> Das M-Verfahren von MAN war seiner Zeit voraus.

so konstruiert, dass in ihr die Luft nicht verwirbelt, sondern sich in eine kreisförmige Wälzbewegung versetzt.

Direkteinspritzung

Bei der Direkteinspritzung wird der Kraftstoff direkt in den Brennraum eingespritzt und vernebelt. Es gibt keine Vorkammer etc. mehr. Durch die somit fehlenden Drosselverluste zwischen Vorkammer und Zylinderraum kann Kraftstoff gespart werden, allerdings ist ein sehr viel höherer Einspritzdruck für eine zündfähige Gemischbildung nötig. Die Direkteinspritzung ermöglicht kaltstartende Motoren und höhere Drehzahlen, da die notwendige Verbrennungszeit geringer ist. Diesen Vorteil erkauft man mit einem wegen des großen Druckanstiegs lauteren Verbrennungsgeräusch. Das Vorglühen ist nicht mehr nötig. Eine Sonderform der Direkteinspritzung hat MAN konstruiert, wir kommen gleich darauf zu sprechen.

Luftspeicherverfahren (Lanova)

Bei diesem System wird der Kraftstoff direkt eingespritzt. Anders als der italienisch klingende Name vermuten lässt, stammt das System vom Bayern Franz Lang (Lan(g) – nova, d. i. neu), der es 1930 patentieren ließ. Ziel war es, die Qualität des Dieselmotors zu verbessern. Er verband den Außenspeicher im Zylinderkopf mit einer besonderen Form des Brennraums. Der neu konstruierte Brennraum führte zu einer besonders günstigen Verwirbelung beim Ausblasen des Luftspeichers. Dadurch arbeitete der Motor auch bei hoher Belastung noch rußfrei. Vor allem Henschel-Motoren haben dieses Verfahren aufgenommen.

M-Verfahren (Mittenkugelbrennverfahren)

Dieser Dieselmotor wurde von MAN entwickelt und ab Mitte der 1950er-Jahre auch bei Schleppern eingesetzt. In der Mitte des Kolbens ist ein kugel-

> Schnittbild eines Dreizylinder-Dieselmotors von John Deere aus dem Jahr 1965.

förmiger Brennraum angeordnet. Der Hauptunterschied zu den herkömmlichen Dieselmotoren liegt darin, dass an Stelle des zerstäubten flüssigen Kraftstoffes dampfförmiger Kraftstoff mit der Luft gemischt wird. Dadurch kann der Treibstoff weich und fast geräuschlos verbrannt werden. Die Folge sind niedriger Verbrauch, große Laufruhe und hohes Leistungsvermögen. Hinzu kommt, dass der Motor nach dem M-Verfahren sehr viel kleiner ist und so beim Einsatz in der Landwirtschaft die Sicht auf Geräte und Boden sich stark verbessern konnte.

Neue Entwicklungen

Beim Direkteinspritzverfahren gilt: Je höher der Einspritzdruck ist, desto besser ist die Leistung. Die Motor-Ingenieure arbeiten heute an Techniken, die es erlauben, immer höhere Einspritzdrücke zu erreichen. Auf Grundlage theoretischer Forschungen an der ETH in Zürich hat FIAT 1993 die Common-Rail-Einspritzung patentieren lassen und zur weiteren Entwicklung an Bosch abgegeben. Diese Technik ermöglicht einen Druck zwischen 1.350 und 1.600 bar (beim Vorkammersystem waren es 125 bar, beim Direkteinspritzer früher 180).

Die Common-Rail-Technik besitzt ein gemeinsames Hochdruckreservoir, das Common Rail für alle Einspritzdüsen, das auf konstantem Druck gehalten wird. Der Einspritzvorgang in den jeweiligen Zylinder wird durch ein Ventil gesteuert. Dadurch ist es möglich, extrem kleine Kraftstoffmengen als Voreinspritzung vor der Hauptmenge in den Zylinder einzubringen. Die beim Kaltlauf auftretende klopfende Verbrennung, das so genannte Nageln, wird im Common-Rail-System durch diese Aufteilung der Einspritzmenge auf mehrere Einspritzvorgänge verhindert. Jeder Zylinder wird unabhängig vom andern je nach von der Motorelektronik errechnetem Bedarf versorgt.

> Speichereinspritzung Common Rail. Diesem Konzept gehört voraussichtlich die Zukunft.

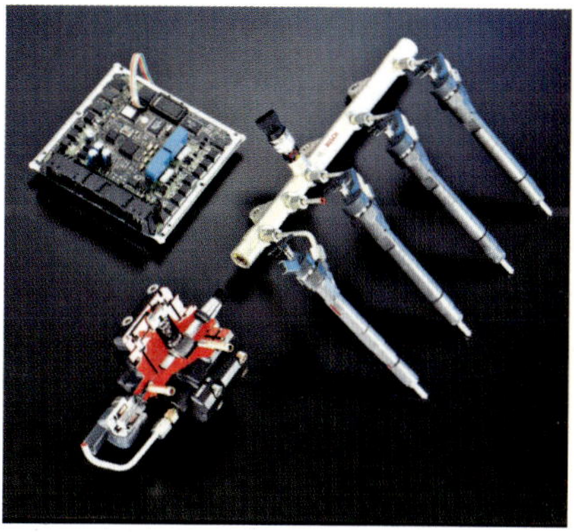

Ohne gemeinsames Rail, aber in der Regel ebenfalls mit elektromagnetischem Ventil arbeitet das Pumpe-Düse-Verfahren. Die Druckerzeugung findet für jede Düse in einem gemeinsamen Bauteil statt. Dadurch entfallen die Druckleitungen, und es können momentan noch etwas höhere Drücke als bei der Common-Rail-Technik verwendet werden. Mit dem Pumpe-Düse-System werden derzeit Einspritzdrücke bis 2.500 bar erreicht. Dieses System geht übrigens auf eine Erfindung von General Motors aus den 1930er-Jahren zurück. Da es sehr teuer ist – jeder Zylinder braucht eine eigene Pumpe – und die Common-Rail-Technologie bei der Höhe des Einspritzdrucks schnell aufholt, wird dieses Verfahren in absehbarer Zeit vermutlich auslaufen.

Bio-Diesel

Auch in der Traktorindustrie ist die Frage der erneuerbaren Energie ein heißes Thema. Immer mehr Motoren sind in der Lage, Rapsölmethylester, kurz RME, zu verbrennen. Wie sich die Dinge allerdings entwickeln, da die Probleme mit Raps im Hinblick auf eine flächendeckende Verwendung noch nicht gelöst sind, bleibt abzuwarten. Eine weitere Entwicklung der jüngeren Zeit ist die SCR-Technologie, bei der ein Großteil der Stickoxide reduziert wird. Dabei wird das auf Harnstoffbasis entwickelte AdBlue eingespritzt. Diese Technik ermöglicht es, der neuesten Abgasnorm Tier 4 zu entsprechen. Für AdBlue ist ein eigener kleiner Tank nötig.

Von Takten, Zylindern und Starts

Zweitakt-Dieselmotoren

Die Glühkopfmotoren funktionierten nach dem Zweitakt-Prinzip. Es gab jedoch auch Diesel-Zweitakter, die sehr gerne für leichtere Schlepper verwendet worden sind. Manchmal, wie im Falle Hanomag, war das nicht die beste Idee der Ingenieure. Die Frischluft wird in einem Roots-Gebläse vorverdichtet und tritt durch Schlitze in den Zylinder ein. Nach dem Verbrennen entweichen die Gase an den Auslassventilen. Vorteil eines Zweitakters ist die einfachere Bauweise und damit auch ein niedrigeres Gewicht. Der Wartungsaufwand ist niedriger als bei einem Viertakter. Allerdings sind die auftretenden Spülverluste für höhere Kraftstoff- und Ölverluste verantwortlich. Außerdem hat er ein schlechteres Drehmoment im unteren Drehzahlbereich. Darüber hinaus ist die Wärmebelastung höher, weil sich die Zahl der Arbeitstakte im Vergleich zum Viertakter verdoppelt.

Viertakt-Dieselmotoren

In bei weitem den meisten Schleppern sind Viertakt-Motoren eingebaut. Die vier Takte laufen folgendermaßen ab: 1. Ansaugen – Durch das geöffnete Einlassventil saugt der sich nach unten bewegende Kolben Luft an, die vorher im Luftfilter gereinigt wurde; 2. Verdichten – Der Kolben bewegt sich aufwärts und beide Ventile sind geschlossen. Die Luft wird im Verbrennungsraum zusammengepresst, also verdichtet, und zwar wesentlich höher als beim Ottomotor; 3. Verbrennen – jetzt wird der Kraftstoff eingespritzt. Er vermischt sich mit der Luft und entzündet sich. Durch die Ausdehnung der Verbrennungsgase beginnt der Kolben mit der Abwärtsbewegung. Der Kolbendruck wirkt über die Pleuelstange auf die Kröpfung der Kurbelwelle und erzeugt so eine drehende Bewegung; 4. Auspuffen – jetzt wird das Auslassventil geöffnet, die Verbrennungsgase können ins Freie strömen und werden über den Auspuff abgeleitet. Hier entsteht das charakteristisch lärmende Auspuffgeräusch.

Zwei wesentliche Merkmale beim Viertakt-Dieselmotor sind die innere Gemischbildung (kein Vergaser wie beim Ottomotor), Voraussetzung ist ein hoher Einspritzdruck, und die Selbstzündung, die beim Ottomotor als Fremdzündung mit einer Zündkerze erfolgt.

Mehrzylinder

Mehrzylindermotoren haben gegenüber dem Einzylinder dank der besseren Verteilung des Hubraums und ihres gleichmäßigeren Motorlaufs deutliche Vorteile. Man konnte im Baukastensystem mehrere Zylinder nebeneinander stellen oder man integrierte sie in einen Motorblock. Beim Viertakter vermeidet der Zweizylinder-Motor drei aufeinander folgende Leertakte und führt

> Vierzylinder-Turbo-Dieselmotor von Perkins mit einer Leistung von 91 PS bei 1.400 U/min und einem Hubraum von 4.400 cm³.

> Der Verdampfer nutzt die Kühlwirkung des Wassers, führt dieses aber nicht in einem geschlossenen Kreislauf, sondern wenn das Wasser verdampft ist, muss regelmäßig wieder aufgefüllt werden. Unter Sammlern sind solche Fahrzeuge sehr begehrt.

damit zu einem ruhigeren Motorlauf. Die Takte werden beim Mehrzylindermotor zeitversetzt, so dass beim Idealfall des Vierzylinders in jedem Takt in einem der Zylinder ein Arbeitshub stattfindet.

Startvorgang

Ehe der Motor seine Arbeit beginnt, muss ein Ansaug- sowie ein Verdichtungstakt ausgelöst werden. Die ersten Traktoren wurden noch mit einer Handkurbel oder im Falle Lanz mit dem abnehmbaren Lenkrad gestartet. Für den Start eines Glühkopfmotors des Lanz Bulldog begann man mit dem Vorwärmen der Lötlampe, heizte dann die Glühnase an, und erst wenn der Zylinderkopf glühte, war es möglich, den Motor anzulassen. Diese Prozedur war einst nicht besonders begeistert abgearbeitet worden. Heute feiern die Oldtimer-Freunde eine solche Zeremonie mit beinahe kindlicher Freude.

Moderner war die Methode mit dem Zündpapier. Dabei wurde ein explosives Gemisch auf ein kleines Stück Papier geschmiert und in den Brennraum eingesetzt und damit die Verpuffung in Gang gesetzt. Das träge Dieselgemisch wurde mit einem Funken gezündet. Auch das war noch ziemlich abenteuerlich, doch in der Frühzeit der Traktoren eine kleine Revolution. Die Freude war groß, wenn der Motor dann tatsächlich startete. Besonders nach längeren Standzeiten sind anspruchsvollere Turnübungen vor dem Schlepper nichts Ungewöhnliches.

Der von Lanz ab 1952 gebaute, als Halbdiesel bezeichnete Motor heißt in der offiziellen Werksbezeichnung Mitteldruckmotor. Er bedeutete eine Abwendung der Firma Lanz vom Glühkopfmotor, die schon längst fällig war. Beim Halbdiesel braucht vor dem Start nicht mehr mit der Lötlampe vorgeheizt und der Motor dann von Hand angeworfen zu werden, sondern er wird ohne Vorheizen mit dem elektrischen Pendelstarter angelassen. Zunächst wird der Kraftstoffhahn auf Benzin gestellt. Mit dem Vorpumphebel wird per Hand Benzin in den Brennraum gepumpt. Beim Betätigen des Anlassers zündet dann eine im Brennraum befindliche Zündkerze das Gemisch. Nach dem Losbrechen des Motors schaltet man den Kraftstoffhahn auf Diesel um. Damit wird die Zündkerze abgeschaltet und der Motor läuft im Dieselbetrieb weiter.

Neben dem Dieseltank ist für das Starten ein kleiner Benzintank eingebaut. Da das Umschalten von Benzin auf Diesel bereits nach wenigen Umdrehungen erfolgt, reicht der Benzinvorrat (je nach Motorversion etwa zwei bis vier Liter) für zahlreiche Startvorgänge. Ab 1955 wurde der Halbdiesel durch den Volldiesel ersetzt.

Um einen kalten Motor anzulassen, müssen Dieselmotoren vorgeglüht werden. Dies geschieht mittels der Glühkerzen, durch die ein starker elektrischer Strom geleitet wird, um den Brennraum bzw. die Vorkammern vorzuheizen. Dauerte das Vorglühen in den Anfangsjahrzehnten der Dieselmotoren noch recht lange – man sprach ja oft von der Dieselgedenkminute –, konnte die Wartezeit im Zuge der technischen Weiterentwicklung und vor allem durch Einführung der Direkteinspritzung in den Brennraum und der damit entfallenden Vorkammern stark reduziert werden. Sie wurde nur noch bei Temperaturen kälter als null Grad Celsius erforderlich.

Bei den nachfolgenden Schleppergenerationen wurde die Start-Prozedur schon sehr viel einfacher. Der elektrische Anlasser wurde zu der Weisheit letztem Schluss. Er ist ein Gleichstrommotor, den eine Batterie speist. Wenn der Anlasser über die Batterie gestartet wird, greift die Anlasserwelle über ein Ritzel in den Zahnkranz des Motorschwungrads ein. Mit seinem starken Anlaufdrehmoment liefert sie dem Motor das für das Losbrechen des Motors nötige Drehmoment. Sobald die Leerlaufdrehzahl erreicht ist, kuppelt sich das Anlasserritzel vom Motorschwungrad wieder ab, denn die im Betrieb erreichten Umdrehungen wären viel zu hoch und der Anlasser würde unweigerlich heißlaufen. Bei Schleppern wurde zumeist ein Schubanker-Anlasser verwendet, den auch viele LKW nutzten.

Motorkühlung

Bei der Verbrennungsarbeit wird Wärme freigesetzt. Um vor Überhitzung geschützt zu werden, muss der Motor gekühlt werden. Zwei Systeme haben sich durchgesetzt: Luftkühlung und Flüssigkeitskühlung. Letztere wird oft als Wasserkühlung bezeichnet, doch machen die Kühlmittel, die dem Wasser zugesetzt werden, eine allgemeinere Bezeichnung nötig. Auch diese Art der Motorkühlung ist letztlich eine Luftkühlung, denn das Wasser, das die Wärme des Motors aufnimmt, wird im Kühler durch den Fahrtwind und unter Mitwirken eines Ventilators gekühlt. Allerdings gab es zu Beginn der Schlepperproduktion die Technik der Verdampfer.

Verdampfungskühlung

Sie ist ein offenes System. Der Zylinder ist im Motorblock von einem Wassermantel umgeben. Das Kühlwasser wird von oben durch eine Öffnung im Mo-

> Hier sieht man sehr schön das Axialgebläse eines luftgekühlten Motors. Vor allem bei mehr als vier Zylindern ist eine ausreichende Luftzufuhr auf die hinteren oft nicht mehr gewährleistet.

torblock eingefüllt. Diese Öffnung hat einen Durchmesser von ca. 15 cm und wird nicht verschlossen. Die durch den Betrieb des Motors entstehende Wärme bringt das Kühlwasser zum Kochen. Nun beginnt dieses zu verdampfen. Der Wasserdampf entweicht durch die Einfüllöffnung. Solange sich ausreichend Wasser im System befindet, kann die Temperatur nicht über 100 Grad Celsius steigen. Der Vorteil der Verdampfungskühlung liegt in ihrem einfachen Aufbau, allerdings ist der Wasserverbrauch sehr hoch und der durch den Wassermantel erforderliche große Motorblock bedingt ein hohes Gewicht. Kostengünstig ist, dass ein Kühler oder eine Wasserpumpe nicht erforderlich sind. Nach dem Krieg verzichtete man auf diese Konstruktion, da die Problematik der Wasserversorgung auf dem Feld bessere Wege verlangte.

Luftkühlung

1944 entwickelte die Klöckner-Humboldt-Deutz AG (KHD) Dieselmotoren mit Luftkühlung zur Serienreife. Zunächst wurden diese in LKW eingesetzt. Doch auch für Schlepper war diese Lösung sehr interessant, da hier viele Bauteile wegfallen, die ein wassergekühlter Motor braucht. Besonders Eicher und Deutz traten als Protagonisten in Erscheinung und lösten einen nachhaltigen Boom aus. Fast kein Hersteller konnte es sich in den 1950er-Jahren leisten, auf luftgekühlte Schlepper im Programm zu verzichten.

Problematisch wurde es, wenn die Landwirte es versäumten, regelmäßige Reinigungsarbeiten durchzuführen, denn wenn die Luft den Motor nicht mehr erreichte, war eine Überhitzung die Folge.

Um eine möglichst große Oberfläche zu haben, auf die die Kühlluft auftreffen konnte, erhielten die Zylindergehäuse Kühlrippen. Da der Fahrtwind nicht – und schon gar nicht für die hinteren Zylinder – ausreichte, wurde ein eigenes Gebläse gebaut, das kühlende Luft spendete. Auffällig sind zum Beispiel die Axialgebläse des Eicher.

Die Vorteile der Luftkühlung sind: weniger Bauteile, stete Betriebsbereitschaft auch bei großer Kälte, keine Frostschäden im Kühlsystem, kein Kochen im Hochgebirge. Allerdings sind die Motorgeräusche lauter, da die schallisolierende Wirkung des Wassermantels fehlt. Außerdem erwärmt er sich stärker, was ein größeres Kolbenspiel verursacht.

> Die Heckhydraulik eines modernen Lindner-Traktors mit einer Zweistufen-Zugkraftregelung über den Oberlenker.

Thermosyphonkühlung

Bei diesem System machte man sich die thermischen Eigenschaften des Wassers zunutze. Das Wasser nahm die Wärme des Motors auf und stieg infolge Konvektion nach oben. Von dort gelangte es in den Kühler, wo der Lüfter für eine Abkühlung sorgte. Kälteres Wasser sinkt nach unten. Von dort wird es durch das nachfließende Wasser wieder in den Kühlungsraum gepresst. Der Wasserkreislauf erfolgt somit selbstständig durch den Wechsel von kalt und warm. Der Vorteil zur Verdampfung war eindeutig, aber im Vergleich zum Verfahren mit Wasserpumpe waren noch ein größerer Kühler und mehr Wasser nötig.

Pumpenumlaufkühlung

Diese Konstruktion entspricht dem uns heute geläufigen System. Es nimmt die Thermosyphonkühlung auf, bringt allerdings eine Wasserpumpe ins Spiel, die das Wasser schneller durch den Kreislauf pumpt. Der Kühler kann deshalb um etwa 35 Prozent kleiner sein. Die Nachteile der Flüssigkeitskühlung sind die Frostgefahr im Winter – das Kühlwasser sollte beim Schlepper bei drohenden Minustemperaturen unbedingt abgelassen werden, um Schäden durch die Ausdehnung gefrorenen Wassers zu vermeiden; Frostschutzmittel sind hier eine praktizierte Alternative –, Nachteile sind die höhere Anfälligkeit durch den Einsatz zusätzlicher Bauteile und Geräte und das höhere Gewicht des Schleppers.

Dreipunkthydraulik

Harry Ferguson war ein irischer Bauernsohn, der sich für Technik, Autos und Flugzeuge interessierte. Er war ein genialer Erfinder, baute sich sein eigenes Flugzeug und war die erste Person in Irland, die durch die Lüfte flog. Aber er interessierte sich auch für die Landwirtschaft und deren Technisierung. So konnte er aus eigener Erfahrung miterleben, dass die bisherige Anhängung des Pfluges am Traktor ihre Schwächen hatte. Fergusons Lösung war eine der bedeutendsten Erfindungen der Traktortechnik: die Dreipunktaufhängung oder Dreipunkthydraulik. Es handelt sich um ein System, bei dem ein Anbaugerät,

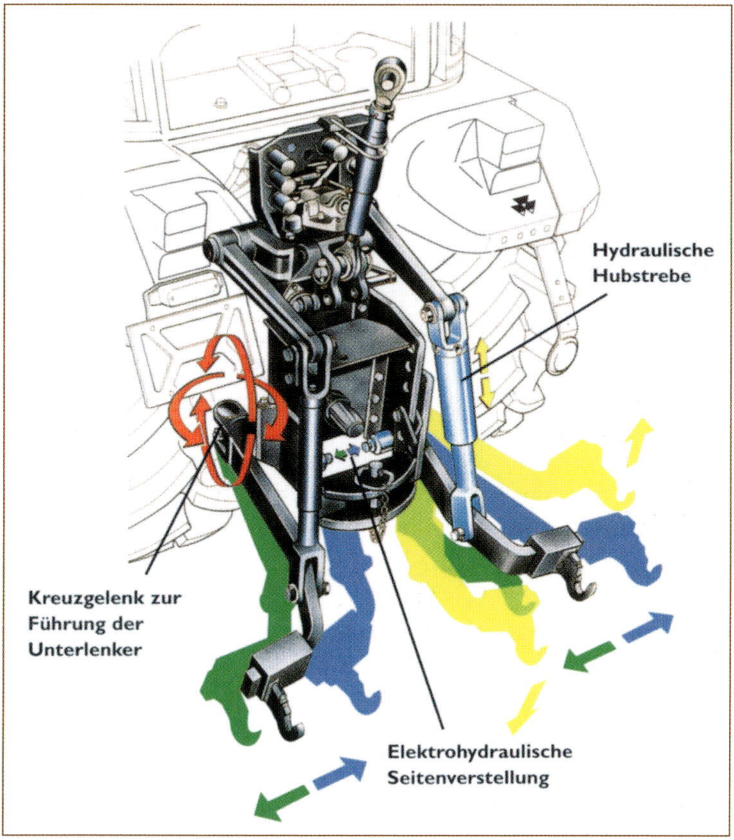

> Funktionsweise der flexiblen Hubwerksregelung bei den neuen Traktoren von Massey Ferguson.

wie beispielsweise ein Pflug, an drei Kupplungspunkten am Traktor befestigt ist. Bei den beiden unteren Befestigungspunkten handelt es sich um die Hubarme, mit denen das Gerät hydraulisch angehoben werden kann. Der dritte Punkt liegt weiter oben. Dort ist das Anbaugerät mittels einer längenverstellbaren Spindel befestigt, dem so genannten Führungsarm, der zur Hubwerksregelung dient.

Der Vorteil dieses Systems ist es, dass Schlepper und Anbaugerät eine Einheit bilden. Es ermöglicht beispielsweise, die Arbeitstiefe des Pfluges zu verstellen, und die entstehenden Einzugskräfte beim Pflügen werden auf die Antriebsachse übertragen, wodurch die Zugleistung erhöht wird. Ferguson versuchte sein System zuerst mit dem englischen Traktorhersteller David

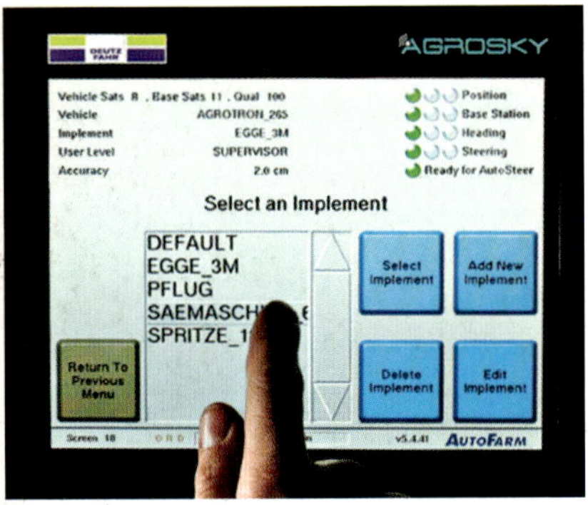

> Über die Agrosky-Displayanzeige in Deutz-Fahr-Traktoren können Einstellungen vorgenommen und Informationen abgerufen werden.

Brown umzusetzen. Zwar wurden die ersten Traktoren damit hergestellt, aber die beiden Dickköpfe kamen nicht lange miteinander aus, weswegen die Kooperation bald wieder zerbrach. 1938 fand Harry Ferguson einen neuen Partner. Es kam zu dem berühmten Handschlag, mit dem die Zusammenarbeit zwischen Ferguson und Henry Ford besiegelt wurde. Das Geschäft ging trotz aller Unstimmigkeiten so lange gut, wie Ford lebte. Doch als der alte Autopionier starb, übernahmen die Anwälte die Kommunikation zwischen den beiden Seiten.

Elektronische Hubwerksregelung (EHR)

Nach dem Ende des Ferguson-Patents auf die Dreipunktaufhängung setzte sich dieses System zu fast 100 Prozent im Traktorenbau durch. In der Folgezeit wurde von mehreren Herstellern die Weiterentwicklung der Hubwerksregelung unternommen. Ab Mitte der 1970er-Jahre begannen die Entwickler von International Harvester in Neuss eine servo-hydraulische Regelung (SHR) zu entwickeln. Ab 1984 wurde das System dann serienmäßig unter der Bezeichnung SENS-O-DRAULIC in IHC-Traktoren eingebaut. Allerdings wurde das IHC-System von keinem anderen Traktorhersteller übernommen, wodurch ihm der wirkliche Durchbruch auf dem Markt versagt blieb.

Ebenfalls in den 1970er-Jahren begannen mehrere europäische Traktorhersteller, in Versuchsanlagen an einer elektronischen Hubwerksregelung (EHR) zu arbeiten. 1978 setzte Massey Ferguson in den USA als Erster serienmäßig die EHR ein. Der richtige Durchbruch kam allerdings erst 1984 mit einem von Bosch entwickelten Kraftmessbolzen. Bei der EHR sind die Unterlenker des Hubwerks mit elektronischen Sensoren ausgestattet, mit denen die Zugkraft des Anbaugerätes gemessen wird. Sollwert-Einstellungen können in der Kabine vorgenommen werden, und die Hubwerksregelung sorgt dafür, dass diese Einstellungen automatisch eingehalten werden. So können mit Hilfe der EHR Anbaugeräte exakt über der Bodenoberfläche geführt werden. Beim Pflügen können übermäßiger Schlupf der Räder oder das Festfahren in nassen Böden vermieden werden. Dadurch wird auch der Boden geschont, ein erhöhter

> Mithilfe eines Satellitensystems lassen sich Traktoren und Mähdrescher auf dem Feld exakt steuern. Dieses Bild veranschaulicht das Agrar-Management-System von John Deere.

Kraftstoffverbrauch und Reifenverschleiß werden vermieden. Eine Druckregelung sorgt dafür, dass Pflege- und Saatgeräte mit der richtigen Stützlast auf dem Boden aufliegen. Bei Straßenfahrten mit schwerem Anbaugerät kann es zu Nickbewegungen des Traktors kommen. Dies zu vermeiden, fällt ebenfalls in den Bereich der EHR. Bei der automatischen Schwingungstilgung werden die Kraftschwankungen am Kraftmessbolzen gemessen und über die Hydraulik ausgeglichen.

Automatische Lenksysteme

Die moderne Technik bietet der Landwirtschaft Möglichkeiten, von denen man vor ein paar Jahrzehnten noch nicht einmal zu träumen wagte. Dazu gehört das GPS (Global Positioning System), bei dem es sich um ein satellitengestütztes Navigationssystem zur weltweiten Positionsbestimmung handelt, das ursprünglich für militärische Zwecke entwickelt wurde. Heute wird es auch für zivile Bereiche genutzt. In der Landwirtschaft kann GPS mit der entsprechenden technischen Ausstattung für verschiedene Aufgaben benutzt werden, zum Beispiel die Vermessung von Feldern, die gesteuerte Düngung oder die Ertragskartierung. Eine weitere Anwendung des Systems ist die Steuerung von Traktoren und Mädreschern. Dabei gibt es zwei Möglichkeiten: die Fahrhilfe, bei der dem Fahrer eine Spur auf einer optischen Anzeige vorgegeben wird, und die automatische Lenkung.

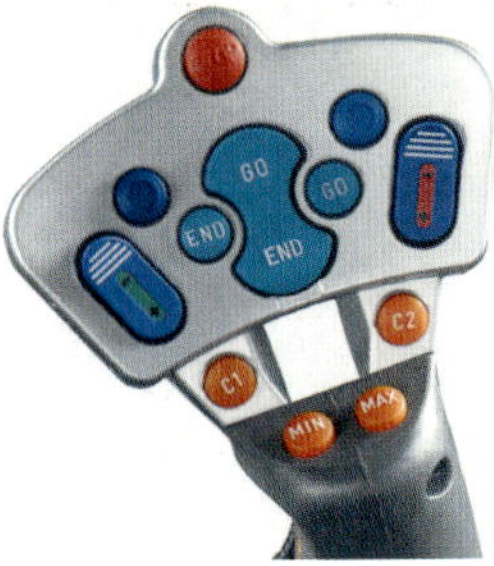

> Fendt hat den Joystick in die Multifunktionsarmlehne des Fahrersitzes integriert, um die Bedienung möglichst komfortabel zu machen.

Bei der automatischen Lenkung gibt der Fahrer dem System eine Referenzspur vor. Das heißt, er fährt die erste Spur auf dem Feld ab und speichert den Anfangs- und Endpunkt ab. Von dieser Referenzspur ausgehend, kann das Auto-Tracking-System nun alle anderen nötigen Spuren auf dem Feld selbst bestimmen. Der Fahrer muss nur noch am Vorgewende steuern, ansonsten kann er das Lenken dem System überlassen. Allerdings ist der Einsatz eines automatischen Lenksystems mit hohen Investitionskosten verbunden, sodass es sich nur bei großen Flächen und einer hohen Auslastung der Maschine rentiert. Es sind deshalb fast nur Großtraktoren und große Mähdrescher, bei denen diese Systeme Verwendung finden. Die Vorteile dagegen sind, dass der Fahrer bedeutend weniger für das Lenken des Fahrzeugs beansprucht wird, Fahrspuren perfekt gerade, parallel und in der richtigen Breite verlaufen und dadurch Überlappungen und Auslassungen vermieden werden. Natürlich zeigen sich die Vorteile auch bei der Arbeit bei schlechten Sichtverhältnissen und in der Dunkelheit.

Die Traktorhersteller bieten für ihre Fahrzeuge jeweils unterschiedliche Systeme an. Bei Fendt heißt das Spurführungssystem „Auto-Guide", bei Deutz-Fahr spricht man von „Agrosky" und bei Claas ist das Lenksystem ein Teil von „Agrocom".

Die Kabine – Schaltzentrale des Traktors

Die Traktortechnik hat in einem knappen Jahrhundert eine rasante Evolution durchlaufen. Die Schlepper haben sich zu komplexen Hightech-Fahrzeugen entwickelt, die mit Elektronik vollgepfropft sind und zu deren Reparatur oft ein Diagnosesystem nötig ist. Nirgendwo ist diese Entwicklung augenfälliger als in der mittlerweile gefederten und schallisolierten Fahrerkabine. Die Kabine ist die Schaltzentrale des Traktors, in der sich Steuer- und Überwachungsfunktionen vereinen.

Bei den Großtraktoren vieler Hersteller ist das zentrale Bedienelement ein Multifunktionshebel, der aussieht wie ein Joystick für Computerspiele – und der auch so genannt wird. Mit dem Joystick lässt sich die Fahrtrichtung wählen, beschleunigen und abbremsen, das Hubwerk und das Wendegetriebe bedienen. Der Funktionsumfang ist abhängig vom Hersteller. Bei Deutz-Fahr

> Ein Schnitt durch einen John-Deere-Schlepper. Das Bild zeigt den tragenden Rahmen, den Motor und die Hydraulik.

heißt der Joystick offiziell PowerCom V, bei Fendt ist es der Vario-Hebel. Die Fahrtrichtung kann bei den Hightech-Traktoren vieler Hersteller mit den Fingerspitzen durch Betätigung eines kleinen Hebels am Lenkrad geändert werden. Der Traktor bremst unabhängig von Geschwindigkeit und Gang automatisch ab und wechselt die Fahrtrichtung.

Fendt bietet mit seinem Variotronic TI ein Vorgewende-Management-System, das dem Fahrer zahlreiche Handgriffe ersparen und das Wenden auf dem Feld vereinfachen hilft. Das „TI" in der Bezeichnung steht für „Teach In". Das heißt, der Fahrer führt die Funktionen aus, wie zum Beispiel die Bedienung des Krafthebers, der Zapfwelle, Hydraulik, Erhöhung und Verringerung der Motordrehzahl usw., und speichert sie ab. Wenn die Funktionsreihenfolge wieder gebraucht wird, kann sie mit einem Tastendruck am Joystick aktiviert werden.

Etwas Ähnliches bietet Deutz-Fahr mit seinem System Comfortip. Zur Aufzeichnung der gewünschten Funktionen wird der PowerCom-V-Hebel nach links gedrückt. Nach dem Ertönen eines akustischen Signals können die gewünschten Funktionen ausgeführt und dann abgespeichert werden, um sie bei Bedarf später wieder aktivieren zu können.

Natürlich lassen sich noch zahlreiche andere Aufgaben von der Fahrerkabine aus erledigen, wie das Vornehmen von Einstellungen bei den Anbaugeräten, die mit dem Traktor über eine ISO-Bus-Schnittstelle verbunden sind, oder das Aufzeichnen und Senden von Betriebsdaten.

Die Technik nimmt dem Fahrer zahlreiche Aufgaben ab. Vorerst ist noch ein Mensch in der Kabine nötig. Aber der Zeitpunkt ist absehbar, wann der Traktor gewisse Arbeiten alleine erledigen kann.

Bildverzeichnis

AGCO 8/9, 26, 27, 31, 33, 34, 53, 82, 83, 84, 86, 132, 159, 160, 161, 162/163 o, 167, 168 r, 187, 190 und Umschlagvorderseite (großes Bild)
Allgaier 39
Bosch 177, 178 beide, 181
Claas 7, 35, 54/55, 56, 57, 58
CNH 88 und Umschlagvorderseite (kleines Bild links)
Daimler 166 u
Deere & Comp. 21, 32, 108, 109, 112 o, 180, 189, 191
Rudolf Eichstaedt 12 o
Hanomag 96, 97, 174
Marc Hubich 117
Library of Congress 10, 19
Porsche 38
Linde 24, 90, 169 r
Lindner 125, 170 o, 182
Kenn Kiser 112 u
MAN 17, 22, 25, 127, 128, 179
Albert Mößmer 13, 16, 20, 23, 29, 40, 41, 43, 44, 45, 47, 48, 49, 50, 51, 61, 63, 65, 67, 68, 69, 70, 71, 73, 74, 76, 77, 79, 80, 81, 87, 89, 91, 92, 93, 95, 99, 100,101, 102, 103, 104, 105, 106, 110, 111, 115, 116, 118, 119, 120, 122, 124, 126, 129, 130, 133, 134, 135, 137, 139, 140, 141, 142, 144, 145, 146, 147, 148, 149, 150, 152, 153, 154, 155, 157 beide, 158, 166 o, 168 l, 169 l, 175, 183, 185, 186 und Umschlagvorderseite (kleines Bild rechts)
Same Deutz-Fahr 18, 28, 59 beide, 60, 62, 64, 66, 188 und Umschlagrückseite
Sammlung Mößmer 11, 15, 176
Dr. Leopold Schindler (Hrsg.), Die Landwirtschaft, Band 1. Bayerischer Landwirtschaftsverlag, München, 2. Auflage 1953 164/165, 170/171 u, 172/173 und Umschlagvorderseite (kleines Bild, Mitte)
Wayne McKown / Dreamstime.com 46

Danksagung

Dieses Buch wäre nicht ohne die Hilfe anderer Personen zustande gekommen. Für das Bildmaterial möchte ich mich bei den Unternehmen AGCO, MAN, Linde, Deutz-Fahr, Deutz, SAME, Valtra, John Deere, Lindner, Claas, Bosch, Mercedes-Benz und bei allen Personen, deren Bilder ich verwenden durfte, bedanken. Außerdem möchte ich mich bei allen bedanken, deren Traktoren ich fotografieren durfte, und die mir mit Rat und Tat zur Seite standen.